NOTES EXTRAITES

D'UN

VOYAGE AGRICOLE

dans l'ouest, le sud-ouest, le midi et le centre

DE LA FRANCE,

ET LE NORD DE L'ESPAGNE,

EXÉCUTÉ

PAR M. LE COMTE CONRAD DE GOURCY.

PARIS,

Librairie d'agriculture
DE Mme BOUCHARD-HUZARD,
RUE DE L'ÉPERON, 5.

Librairie agricole
DE DUSACQ,
RUE JACOB, 26.

1851

[illegible]

[illegible]

[illegible]

[illegible]

[illegible]

[illegible]

5

[illegible]

[illegible]

[illegible] [illegible]

[illegible] [illegible]

[illegible] [illegible]

[illegible]

NOTES EXTRAITES

D'UN VOYAGE AGRICOLE.

NOTES EXTRAITES

D'UN

VOYAGE AGRICOLE

dans l'ouest, le sud-ouest, le midi et le centre

DE LA FRANCE,

ET LE NORD DE L'ESPAGNE,

EXÉCUTÉ

PAR M. LE COMTE CONRAD DE GOURCY.

PARIS,

IMPRIMERIE ET LIBRAIRIE D'AGRICULTURE ET D'HORTICULTURE

DE Mme Ve BOUCHARD-HUZARD,

5, RUE DE L'ÉPERON.

1851

NOTES EXTRAITES

DE

PLUSIEURS VOYAGES AGRICOLES

EXÉCUTÉS

par le comte Conrad de Gourcy.

J'ai commencé mon voyage en visitant la culture de M. Malingié ; il a de fort beaux herbages, qui lui donnent une assez grande quantité d'excellent foin ; 12 hectares de beaux colzas, qu'on achevait de rentrer au moyen d'un grand tombereau à cheval tout garni de voliges, qu'il avait fait construire exprès pour cette opération. L'enlèvement du colza se fait avec de grandes fourches à quatre dents fort longues, dont la quatrième, qui forme le V avec les autres, empêche la plante de couler sur le manche. Quoiqu'il fît très-chaud et que la récolte fût très-sèche, il m'a semblé qu'elle ne s'égrenait pas en la chargeant. M. Malingié, étant satisfait de la grande activité des deux chargeurs et des charretiers, les invita à venir le soir chez lui, pour y recevoir chacun une bouteille de vin ; son habitude est d'encourager les ouvriers à bien faire, soit par de bonnes paroles, soit par de petits cadeaux. Il possède, en outre, 24 hectares de fort belles avoines, qui viennent après pâturages de trois ans ; ses vesces avaient gelé.

Son intention est d'adopter un nouvel assolement de huit années, qui devra se composer ainsi qu'il suit, chaque sole comprenant 12 hectares :

1re année, avoine sur pâturage rompu;
2e — vesces ou jarrosse;
3e — colza semé en lignes et fumé avec 30 tombereaux; on sèmera entre les lignes au printemps, après sarclage, des carottes qui recevront un engrais pulvérulent;
4e — froment;
5e — trèfle incarnat fumé par-dessus en hiver, avec 25 tombereaux, après lequel on sème des haricots en ligne;
6e — fèves mêlées de pois, en lignes, avec 25 tombereaux de fumier;
7e — froment;
8e — herbages composés de trèfle rouge, lupuline et raygrass d'Italie.

Ensuite on recommence la rotation.

En ajoutant les 18 hectares qui sont en prés, M. Malingié complète 54 hectares de fourrage, dont 30 sont pâturés après fauchage; 12 hectares de carottes; 12 de fèves et pois pour le troupeau; 24 hectares de froment, 12 d'avoine et 12 de colza pour vendre; en tout 48 hectares produisant de la litière. Il prétend qu'il lui faudrait 24 hectares de plus; ce terrain serait divisé en douze soles, dont cinq en luzerne; on en défricherait une tous les ans pour la mettre en avoine, l'année suivante en froment, puis une culture consécutive de betteraves pendant quatre ans; enfin on terminerait en semant du froment de mars et de la luzerne pour recommencer l'assolement. Si j'étais à sa place, je mettrais mes prés en terres, ce qui, je crois, pourrait se faire sans inconvénient, et j'aurais alors 18 hectares choisis parmi les terrains qui conviendraient le mieux à la luzerne, lesquels pourraient être partagés en douze soles de 1 hectare 1/2 chacune. J'ai vu chez lui un échantillon de fort belles fèves, qui ont été faites sur un terrain engazonné de la manière suivante : il n'a pas labouré, mais il a fait faire, de 12 en 12 pieds, des fossés larges de 3 pieds 1/2, profonds de 2 pieds; il a répandu la terre sortant du fossé à droite et à gauche pour recouvrir les planches, en ayant soin que la terre du champ fût bien mélangée à celle du fond du fossé; comme la terre était d'une bonne qualité et qu'elle avait été, pendant plusieurs années, en pépinière, il ne l'a pas fumée, et les fèves sont devenues magnifiques. Il a fait de même pour planter des châtaigniers, et, la deuxième année, son plant était admirable. C'est encore de cette manière qu'il a repeuplé les clairières de ses bois.

Sa plus belle bergerie, a 200 pieds de long sur 40 pieds de large; elle est fermée tout autour par des planches goudronnées; sa toiture est en ardoise. Le grenier, très-élevé et très-spacieux, commence à 4 pieds dans l'intérieur de la basse-goutte et renferme des meules de foin très-bien entassées; il est parfaitement éclairé de distance en distance, par de grands carreaux de verre placés sur les faîtières. Dans cet énorme bâtiment, il n'y a que les deux pignons qui soient en pierre; contre l'un des deux se trouve adossée une vacherie, contenant douze petits bœufs qui consomment le fourrage rebuté par les moutons. Cette bergerie peut contenir six cents bêtes; elle lui a coûté, y compris l'arrangement de la cour dont elle est entourée, 14,000 francs; de larges fossés, dont les ados sont plantés en acacias très-rapprochés, forment une palissade vivante et empêchent les loups d'y pénétrer.

M. Malingié vient de recevoir d'Angleterre, de M. Goord, un bélier newkent qui est beau, mais inférieur je crois, au premier, qu'il avait acquis du même éleveur. Il lui revient à 1,000 fr., ayant coûté 800 fr. sur place et 200 fr. de frais de transport; on l'a amené de Boulogne ici en voiture, et son berger, qui est allé le chercher ne sachant pas l'anglais, a dû prendre un interprète, et comme il n'a acheté que deux béliers, ces circonstances ont de beaucoup augmenté leur prix. Il a fait venir six petites brebis mérinos provenant de béliers de Saxe et de brebis de Naz; elles lui ont coûté près de 200 fr. par tête. Il a reçu, en outre, soixante-dix brebis de l'Artois; elles sont moins hautes sur jambes, plus fines d'os et de toison que celles de sa première importation; il s'en trouve parmi elles qui ont d'assez belles formes; elles lui reviennent, rendues ici, à 30 et 35 francs la pièce. J'ai vu des bêtes croisées anglo-flamandes fort belles; c'est ce résultat qui a déterminé M. Malingié à faire venir ces bêtes artésiennes. Il m'a fait voir un assez bel échantillon de leur laine, qu'il m'a dit ne valoir que quelques sous de moins par livre que celle des kents. La laine kento-sologne est assez belle.

M. Malingié prétend que les agneaux anglais élevés en commun dans une bergerie, ne prennent jamais leur entier développement, et, pour remédier à cet inconvénient, il a imaginé un expédient qui lui a réussi à merveille, mais qui ne convient à cause de sa cherté, que pour élever des béliers qu'on puisse vendre âgés d'un an, au moins 100 écus. Il choisit des manouvriers jouissant d'un peu d'aisance et ayant une ou deux vaches; il leur confie une brebis qui a un agneau mâle très-bien fait et bien venant; les conditions sont qu'il pourra retirer ses bêtes le jour qu'il lui plaira, mais qu'il devra retirer la brebis à la sèvre et l'agneau au plus tard à l'âge d'un an. Il paye pour la pension de ces béliers, lorsqu'il les reprend, 1 fr. par livre du poids vif de l'animal; — ordinairement il les retire âgés de sept à huit mois; ils pèsent alors de 75 à 100 livres, et ils arrivent à l'âge d'un an, jusqu'au poids de 150 livres; en prenant pour poids moyen celui de 100 livres, chaque bélier doit être vendu au moins 120 fr., avant de donner du bénéfice.

Je n'ai pu voir qu'un agneau né au mois de septembre dernier; il n'avait donc au 15 juin, qu'environ neuf mois. Cet animal est déjà vendu 500 fr. et doit être enlevé sous peu.

M. Malingié a vingt-cinq agneaux pensionnaires dans ce moment; mais une partie de ses brebis commencent à agneler, et il en placera bientôt d'autres qui sont retenus par bien des concurrents. Pendant que j'étais chez lui, une femme est venue le prier instamment de lui en donner un aussitôt qu'il le pourrait. Il recommande à ses éleveurs de fortement nourrir ses élèves béliers, ainsi que les mères qui allaitent; ils doivent leur donner de l'avoine, de l'orge ou du pain; mais cette recommandation est superflue, car il est trop dans leur intérêt de bien nourrir, afin d'augmenter le nombre de livres qu'on paye 1 fr. chacune, pour qu'ils ne le fassent pas d'eux-mêmes.

Je pense qu'on arriverait au même but et à moins de frais, si l'on avait de petits enclos garnis d'ombrage, avec un petit hangar où l'on élèverait quelques bêtes qui sortiraient et rentreraient à volonté, et qui seraient bien pourvues de bons fourrages et d'une provende abondante, accompagnée d'eau fraîche et de sel; c'est ce qui du reste, a lieu en Angleterre. Les vachères emmènent ordinairement la brebis attachée en laisse par un licou, et l'agneau suit.

M. Malingié a voulu changer il y a deux ans, l'époque de la monte, afin d'avoir ses agneaux en août et septembre, comme cela se fait depuis un certain nombre d'années en Allemagne chez des éleveurs distingués; mais il n'y a eu que soixante-dix brebis, sur un grand nombre, qui aient voulu s'accoupler en mars et avril, les brebis anglaises ne prenant ordinairement le bélier qu'en octobre et novembre. Il m'a montré une partie de ces agneaux de septembre qui étaient déjà plus forts que leurs aînés de cinq mois. Il paraît qu'on se trouve très-bien de cette méthode en Allemagne.

Nous avons admiré chez lui des marsaults qu'il a apportés de la forêt de Mormale, en Flandre, qu'il a arrachés tout petits et venus de graines. Ils ont été plantés dans un assez mauvais terrain fort sec, à côté de marsaults du pays, d'ormes, de sycomores et d'autres espèces; eh bien, les marsaults flamands, après avoir été recepés l'année dernière, ont aujourd'hui 10 pieds de haut, des feuilles très-larges et d'un vert foncé; ils paraissent être d'une vigueur extraordinaire, tandis que les autres arbres et surtout les marsaults du pays, sont chétifs et rabougris.

Les plantations considérables de peupliers faites à la Charmoise viennent en général fort bien; mais une de ces plantations se trouvant périr par la tête et rejetant vigoureusement par le pied, M. Malingié a jugé convenable de les couper au pied; il y en a qui ont poussé plusieurs belles tiges dont les bouts ont été pincés, à l'exception de celle qui doit rester pour former l'arbre; mais une partie d'entre eux jettent une quantité de brindilles qui ne s'élèvent pas, et je ne sais ce que cela deviendra; en tous cas, la dent des moutons leur sera funeste, comme elle l'a été à la plupart des jeunes haies, qui avaient été élevées avec tant de soins à la Charmoise.

M. Malingié a détruit sa tuilerie, qui ne lui était plus profitable depuis que ses racines avaient été consommées et qu'il lui fallait acheter du bois; le four à chaux a été conservé, mais il est loué. Son chaufournier vend la chaux 5 fr. les 220 litres au public et 4 fr. à son maître, ce qui est un prix fort élevé, attendu que sur les bords du Cher à 2 lieues de chez lui, on peut faire la chaux à raison de 1 fr. l'hectolitre, au moyen du charbon de terre de Commentry. La terre des environs du four, qui était très-mauvaise, est couverte de la plus belle récolte de froment qu'on puisse voir, par les soins du chaufournier à qui l'on en a abandonné la jouissance, et qui y emploie depuis sept ans beaucoup de chaux et de cendres de son four.

Une chose très-remarquable, selon moi, c'est que, partout où en creusant des fosses ou fossés, on a déposé de la terre au pied d'arbres de diverses espèces, ils sont devenus d'une grosseur double et triple, de celle de leurs voisins qui n'en ont pas eu, et cette grosseur était proportionnée au plus ou moins d'élévation de cette terre, quoique souvent celle-ci fût d'une très-mauvaise qualité.

M. Malingié a acheté il y a dix-huit mois, 200 hectares de bruyères dont le fond est excellent, à 5 lieues de chez lui de l'autre côté du Cher, pour la somme de 40,000 fr., sans compter les frais. On avait déjà exécuté sur ce terrain, avant l'acquisition, un commencement de défrichement et construit quelques bâtiments. Le nouveau propriétaire a fait écobuer l'année dernière, la moitié de l'étendue des bruyères, et il se propose d'achever le reste cette année. Une vingtaine d'hectares ont été ensemencés de colza et ont donné de très-beaux résultats. Cette graine étant fort chère maintenant, on peut évaluer que cette récolte payera le fond, les frais d'écobuage et ceux de culture. Le reste du terrain a été semé en seigle, méteil et froment, qui ont donné de fort bonnes récoltes, à l'exception de la dernière, qui est assez maigre; aussi M. Malingié ne fera-t-il plus de froment dans cette position; au lieu de froment, il sèmera plus de colza sur le nouvel écobuage et de l'avoine sur l'ancien. Il compte semer une seconde avoine partout où la première aura bien réussi, et il plantera ensuite ces terres défrichées en bois.

L'intention du propriétaire est de tracer ce terrain, qui est assez rond, en étoile; il a construit au milieu une tour assez élevée, dans laquelle se trouvent le logement du garde et une chambre pour lui. De ce point central doivent partir des allées qui partageront le bois en coupes. Du haut de sa tour, le garde peut voir dans un instant toutes les allées d'un bout à l'autre, ce qui lui facilitera singulièrement la surveillance des bois.

Les bruyères qui ne sont pas encore écobuées, annoncent par leur hauteur, leur épaisseur, les ajoncs et herbes qui y sont mêlés en grande quantité, la fertilité du sol. L'écobuage est parfaitement fait. On sème dessus sans labourer ; on trace ensuite des rigoles parallèles avec une charrue qui n'a pas de socs, mais seulement des coutres; des hommes vident alors ces rigoles, qui sont larges de 1 pied et aussi profondes, en répandant la terre sur les planches qui ont 4 pieds de largeur. Cette manière d'ensemencer coûte une trentaine de francs par hectare ; on emploie un attelage pendant deux heures et on sème 1 hectare 1/2 de grain.

M. Malingié a planté les terres qui étaient cultivées, principalement en acacias, châtaigniers, bouleaux, érables, planes, etc. Il a formé, à 80 pieds les unes des autres, des planches larges de 5 pieds, relevées de 18 pouces au moyen de deux fortes rigoles qui bordent chaque planche ; il les a plantées de peupliers du Canada qui sont aussi à 80 pieds les uns des autres et qui ont été recepés au pied un an après leur plantation. Il doit cultiver pendant trois ans toute cette plantation à la houe à bras.

Glatigny, ferme de 80 hectares d'excellentes terres calcaires assez fortes, qui appartient à M. Santereau, maire de Chabris, près Selles-sur-Cher, est couverte de récoltes magnifiques en grains, vesces et luzernes. Le troupeau, composé de brebis de premier croisement mérinos-sologne et de solognotes, a donné, avec des béliers de Kent, cent quatre-vingts beaux agneaux.

Le garde-bestiaux chargé de la culture de cette ferme, qui est située à 3/4 de lieue de l'habitation du propriétaire, dit que, avec la charrue belge-américaine et deux chevaux, il laboure infiniment mieux qu'avec la charrue de Dombasle attelée de trois chevaux.

M. Santereau vient de prendre la place d'un maire très-âgé, qui ne faisait pas réparer les chemins. Il a trouvé dans les habitants de sa commune, qui sont au nombre de deux mille cinq cents, la meilleure volonté pour l'aider dans l'amélioration des voies de communication, ce qu'il fait d'une manière très-efficace, en mettant près de 1 pied de pierres cassées dans les plus mauvais endroits, et cela sur de grandes longueurs, et en faisant construire des ponts et des chaussées. Il a commencé par faire combler une immense mare servant d'abreuvoir, et occupant presque en entier une assez grande place située au milieu du bourg. Tout le monde a voulu y mettre la main. Cette grande opération terminée, les jeunes gens accompagnés d'une grande partie des habitants, sont venus planter un mai devant sa porte ; pour reconnaître cette politesse, M. le maire a fait apporter sur la place une pièce de vin que les paysans ont bue à sa santé, après quoi ils ont formé un bal improvisé autour du mai ; ce bal se renouvelle tous les dimanches quand le temps ne s'y oppose pas.

Le conseil municipal a autorisé M. Santereau à faire faire

une digue qui empêchera le Cher, dans ses fréquents débordements, d'inonder une vaste et riche plaine couverte d'excellents prés, vignes et terres ; la commune a mis à sa disposition 6,000 fr. pour ce travail. Elle a fourni en outre une somme égale pour la construction d'une mairie, au rez-de-chaussée de laquelle sera placée l'école. Il est parvenu à obtenir du gouvernement des fonds pour la construction de l'école, qui, réunis à ceux de la commune, lui permettront de faire un assez beau bâtiment.

On a approuvé également la construction d'un pont suspendu sur le Cher, et le percement d'un bon chemin pour rejoindre les routes de Romorantin et de Valençay ; un autre chemin de grande vicinalité doit conduire de Chabris à Vatan, qui est à environ 8 lieues. On arrangera aussi la route qui mène à la ville voisine, Selles-sur-Cher ; alors cette industrieuse et riche commune de Chabris, deviendra facilement abordable de quatre côtés, tandis qu'elle ne l'avait été jusqu'à présent d'aucune part (1).

J'ai visité le domaine de M. Borel au château de Beauregard, qui consiste en 180 hectares, et où l'on voit de fort belles récoltes. La ferme de M. Gruau, élève de M. Dombasle, est fort bien cultivée ; mais étant en général, sur un mauvais sol, les récoltes ne sont pas belles. Il a un fort beau troupeau avec lequel il fait des croisements kento-mérinos; son troupeau renferme à peu près deux cents agneaux. Ses récoltes-racines sont parfaitement sarclées; ses luzernes très-égales et propres, mais elles n'ont pas de vigueur; ses vesces sont superbes, ses froments propres, mais ils sont loin d'offrir un aussi bel aspect que ceux des fermes précédentes. M. Gruau est un excellent cultivateur; quel dommage qu'il ne soit pas dans une meilleure ferme! Il paye 30 fr. de l'hectare; ses prés, qui ont une étendue de 15 hectares, sont très-

(1) M. Santereau a établi un four à chaux continu qui lui donne de la chaux à raison de 2 fr. 55 les 230 litres, tandis que les tuiliers voisins la vendent 5 fr. la même mesure.

abondants, mais d'une mauvaise qualité. La ferme des Laurendières, qui a de si bonnes terres, n'a que de mauvais grains d'hiver remplis de vigoureux chardons. Les terres sont on ne peut plus sales, les jachères pas encore levées, et les luzernes usées; l'on vient d'en semer de nouvelles, mais cela aurait dû être fait il y a plusieurs années.

Les 50 hectares de betteraves ne sont pas avancés ni propres. J'ai remarqué un très-beau champ d'avoine et un troupeau superbe qui se compose de quatre cent cinquante brebis. On fait ici grand cas de la charrue belge-américaine, quoique le fermier et les principaux domestiques soient des Beaucerons. Il est fâcheux que M. Gruau ne soit pas fermier des Laurendières, et cela avec un capital suffisant. Le fermier paye 20,000 fr. et les impôts, pour 300 hectares de terres et 15 hectares de taillis, ce qui fait 63 fr. 50 c. l'hectare. Il y fait cependant de bonnes affaires, malgré sa mauvaise culture; cela est dû principalement à la qualité de ses terres, dont 200 hectares sont des défrichements de bois, sur un sol d'alluvion très-riche. Comme il y avait autrefois une sucrerie, il était obligé de faire 50 hectares en betteraves qu'on lui payait 15 fr. les 1,000 kilogrammes; il est content d'être dispensé de cette culture, qui ne lui était pas onéreuse, quoiqu'elle fût mal faite, mais qui lui occasionnait de fréquents désagréments et même des procès avec le fabricant.

En suivant les bords du Cher, on voit que la petite culture est en prospérité et qu'elle s'améliore; aussi les terres, même médiocres, ont-elles une grande valeur lorsqu'elles ne sont pas très-éloignées d'un village. On les paye 250 fr. la boisselée de 7 ares 59 centiares près de Mareuil, et elles ne valent plus que 50 fr. à 1 lieue de là, ou sur les fortes côtes très-difficiles pour le transport des engrais et la rentrée des récoltes. Un peu plus loin des villages, sur le plateau du département de l'Indre, elles sont pour rien. On pourrait acheter là des bruyères qui feraient d'excellentes terres après écobuage, marnage ou chaulage, pour moins de 100 fr. l'hectare, et je regarde cette spéculation comme une des plus profitables, lorsqu'on l'entreprend sur un bon fonds valant de 100 à 200 fr. l'hectare, qu'il y a de la marne ou de la pierre à chaux sur les lieux, que le combustible n'est pas trop cher et qu'on s'y prend comme M. Malingié pour produire les premières récoltes. Leur abondance permet immédiatement à un bon cultivateur, de nourrir fortement un nombreux troupeau, et par là, de continuer la fertilité extraordinaire commencée par l'écobuage. Les deux ou trois premières récoltes peuvent payer le fonds, l'écobuage, le marnage et le chaulage, ainsi que les frais de culture, et encore vous laisser de nombreux engrais, de la paille, du fourrage et des racines, qu'on ne trouve souvent pas dans une ferme en bon état de culture, quoiqu'on l'ait achetée fort cher.

La plus grande dépense qu'on aura à faire en pareil cas, s'applique aux bâtiments; mais rien ne force de les établir d'abord sur une trop grande échelle. On peut commencer par une maison de fermier, bâtie à bon marché en pisé, et couverte avec les belles et abondantes pailles de seigle de la première récolte; ensuite une grange assez grande pour contenir deux meules de grain et la paille qui en provient, car il vaut mieux mettre la récolte en meules bien faites, que de l'entasser dans une grange où les souris l'abîment davantage; puis un bâtiment pour loger les bêtes de trait et quelques vaches; une ou deux cours carrées, entourées de murs assez hauts pour que les loups ne puissent pas les franchir et sur lesquels s'appuie une toiture de chaume ou de bruyères, formant hangar, pour abriter des râteliers pour les moutons; si la terre est assez étendue, on fera bien d'avoir deux cours à bergerie placées assez loin de la ferme, afin de n'avoir pas à conduire les fumiers à de grandes distances, car les transports sont très-coûteux; alors on fait des meules de fourrage près de la bergerie, on bâtit une maison pour le berger dans un angle de cette cour; plus tard, si on ne peut pas le faire de suite, faute d'argent, on place une petite grange près de cette bergerie; on fait des meules de grains auprès, ce qui diminue aussi le charroi des récoltes, et on les bat dans cette grange, afin de ne pas être obligé d'amener les pailles de la ferme principale. Une des parties de cette bergerie doit être construite en bergerie fermée, pour abriter les brebis et leurs agneaux durant la mauvaise saison.

Bâtissant tous les murs en pisé et couvrant tout en paille et bruyère, on ne dépensera pas à beaucoup près autant qu'avec des murs en pierre, qui occasionnent beaucoup de charrois. Il faudrait avoir un bon maçon à pisé, du Lyonnais, et un habile couvreur en chaume; des dessins de charpente bien faits, avec un bon charpentier qui soit assez adroit pour les exécuter et pour n'employer que le moins de bois et les plus petits bois possible. Avec une cinquantaine de mille francs, un homme actif et intelligent se trouverait, au bout de cinq ou six ans, propriétaire d'une excellente ferme bien montée et d'une étendue de plus de 100 hectares.

J'ai vu chez M. le comte de Marolles, à Chissay, près de Montrichard, de fort belles récoltes de froment; ses 40 hectares de vignes sont parfaitement soignés, et donnent du vin d'une excellente qualité; j'ai encore remarqué un champ de betteraves on ne peut mieux cultivé, à la manière écossaise; enfin le résultat d'un semis d'une partie des graines anglaises que je lui avais envoyées. On ne les a semées qu'en mars, et parmi les six espèces de froment, il n'y en a qu'une qui soit bonne pour être semée au printemps; les autres ont donné quelques épis, mais on voit que ce n'est pas leur saison. Les avoines ont des épis énormes et 4 pieds de haut. Il n'a semé qu'une espèce d'orge qui est basse, mais qui a de beaux épis carrés. Les navets et rutabagas ne font que de lever.

M. de Marolles est toujours très-content de sa manière de faire valoir par gardes-bestiaux, et il est parvenu ainsi à rendre ses fermes d'Aigues-Vives très-productives (1).

Il a des arbres magnifiques dont la plantation date à peine de quarante ans; les platanes et les peupliers du Canada, surtout, sont énormes.

(1) *Culture à façon, ou manière de faire valoir à prix convenu*, par M. de Marolles. 1 fr. 25 c.

Le nommé Souvent, maréchal, à Chousy par Contres, département de Loir-et-Cher, fait d'excellentes charrues belges-américaines; il les vend 60 fr. avec la crémaillère, mais sans les palonniers, et 50 fr. pour marcher avec un avant-train, mais sans celui-ci.

Le canal du Berry est maintenant achevé jusqu'au pont-aqueduc, au-dessus de Selles; mais là il y a de grandes difficultés à vaincre, qui font craindre que les 3 lieues qui restent à faire jusqu'à Saint-Aignan ne soient encore longtemps sans être achevées. La canalisation du Cher, de Saint-Aignan à son embouchure, est en bon train, mais les fonds manquent pour la continuer; ce canal amène des charbons de terre de différents prix; le moindre, en qualité, coûte, à Chabris, 3 fr. les 230 litres.

Une des preuves de la prospérité croissante de la France, ce sont trois ponts suspendus faits ou au moment de se faire, sur une longueur de 10 lieues du cours du Cher. Celui de Villefranche est terminé; ceux de Chabris et de Chissay près Montrichard vont se faire. Avant l'érection de ces ponts, il ne s'en trouvait que six dans une étendue de près de 30 lieues, entre Vierzon et Tours. La nouvelle route de poste entre ces deux villes est parfaite; elle suit les bords du Cher qui parcourt un fort joli pays.

Je suis arrivé, le 1er juillet, à Chalonne, petite ville sur les bords d'un bras de la Loire, à l'embouchure d'une petite rivière qui est navigable jusqu'à une certaine distance dans les terres; il est question de la canaliser. M. Oscar Leclerc, qui avait eu la bonté de m'inviter à venir le voir, me reçut avec beaucoup de cordialité. Il eut la bonté de me faire parcourir les environs et visiter plusieurs de ses fermes. Cinq, qui ne se composent que de peu d'hectares chacune, sont situées dans une des deux îles qui se trouvent en face de Chalonne; ces îles viennent d'être réunies au continent par trois ponts suspendus qui coûtent environ 400,000 fr. : le gouvernement a fourni moitié de cette somme, les communes environnantes 100,000 fr., et les entrepreneurs le reste.

Les petites fermes de M. Leclerc sont louées à raison de 120 fr. par hectare dans les terres les plus légères et les plus exposées aux ravages de fréquentes inondations ; mais il s'en trouve dont le fermage s'élève à 450 fr., et dans une vallée située à peu de distance sur la rive droite de la Loire ; il y en a qui sont louées jusqu'à 525 fr., ce qui est le plus beau loyer dont j'aie encore entendu parler.

Ces terres sont toutes cultivées à la main ; il n'y a que deux ou trois charrues dans les deux îles, encore est-ce une innovation récente. Leur culture principale est le chanvre ; les froments y sont très-souvent détruits par les inondations ; ils font quelques trèfles, un peu de vesces et une certaine quantité de lin ; leurs prairies et pâturages ne sont pas d'une très-bonne qualité et ne sont nullement soignés. Il n'y a pas une seule charrette dans ces îles ; ils ont un petit cheval par ferme qui transporte sur son dos les foins et autres récoltes, ainsi que les chanvres, jusqu'aux bords de la rivière, pour y être rouis. Chaque fermier possède un bon bateau, car l'eau submerge entièrement les îles et entre fréquemment dans les maisons, quoique celles-ci se trouvent élevées sur des buttes artificielles : c'est une petite Égypte. Une ferme de 4 hectares, dont environ un tiers sera en prés ou pâturage, exige les travaux de deux hommes et de deux femmes. Une bonne charrue les aiderait infiniment ; ils ont commencé, il y a une couple d'années, à se servir de herses. Je ne conçois pas comment, avec une culture aussi peu avancée, excepté celle du chanvre, et les fréquentes inondations qui souvent emportent une partie de leurs terres et qui les forcent d'en laisser une assez grande quantité en mauvais pâturages, ces braves gens parviennent à payer des loyers aussi considérables et puissent vivre ; ce doit être le grand produit du chanvre qui les tire d'affaire.

Ils ne se servent pas de chaux, quoique de l'autre côté du bras de la Loire qui les sépare de la terre ferme, on ne sème pas de sarrasin, de vesces ou de pommes de terre, sans employer un compost formé d'un douzième de chaux et onze douzièmes de terre, à quoi on ajoute le plus de fumier possible.

On met une charretée et demie à six bœufs de ce mélange pour chaque boisselée de 6 ares 60 centiares. La chaux coûte 1 franc l'hectolitre; le pays contient des mines de charbon qui ne coûte que 1 franc l'hectolitre; mais ce qui est extraordinaire, c'est que le charbon de Commentry, près Montluçon, puisse être employé en concurrence avec celui de la localité après un si long voyage. Les environs sont couverts d'un nombre considérable de fours à chaux qui sont énormes; ils ont généralement de 36 à 40 pieds d'élévation extérieure; l'intérieur a la forme d'un œuf allongé, d'une trentaine de pieds de haut et de 12 à 15 pieds dans son plus grand diamètre. Dans la belle saison, les métayers des alentours, jusqu'à 15 lieues à la ronde, viennent faire leur provision de chaux; ils attellent huit bœufs ou six bœufs et une jument à chaque charrette, et n'emmènent, malgré cela, que six barriques contenant chacune 240 litres de chaux. Les terres sont en côtes assez élevées, sur un fond de schiste argileux, et n'ont pas l'air d'être très-fertiles; mais ce fréquent emploi de chaux leur fait produire de fort belles récoltes de froment, avoines, trèfles, vesces, navets, choux et même de luzerne, quoiqu'on ne la cultive pas généralement. M. Leclerc m'en a fait voir une qui est magnifique et qui date de quinze ans; on la recouvre de chaux de rebut, opération qu'on renouvelle tous les quatre ou cinq ans, ce qui empêche l'herbe d'y venir et contribue à lui donner l'air d'une luzerne nouvellement semée. On m'a fait voir un pommier nain qui, se trouvant à côté d'un mur en construction, fut compris dans un petit bassin formé pour éteindre la chaux; on croyait qu'il allait périr, eh bien, au bout de deux ans, il est devenu trois fois aussi fort que ses voisins. Un pêcher, sur les racines duquel avaient coulé des eaux provenant d'un bassin, où l'on éteignait la chaux pour construire une maison, ce qui dura pendant un été, donna l'année suivante des pêches énormes. Malheureusement il fut arraché ensuite.

Un métayer, qui était occupé à charger de la chaux, me dit qu'il en achetait chaque année environ cent soixante barriques; il demeure à 3 lieues du four à chaux; ses deux charrettes étaient attelées chacune de huit beaux bœufs, dont les plus forts avaient coûté 750 francs la paire et les autres de 5 à 600 francs. Ces animaux vont en pâture et reçoivent encore à l'étable des vesces ou du trèfle en vert; aussi sont-ils en bon état. Les métayers de cette localité n'ont que quelques vaches, peu d'élèves, et de 15 à 20 bêtes à laine. Il prétendait n'avoir aucun profit à élever, et il préférait acheter des bœufs en Poitou et même en Auvergne. Leurs terres ne sont pas très-fortes, et je ne crois pas qu'avec leur système d'acheter des bœufs fort cher, d'en mettre huit à une charrue qui occupe deux hommes et un garçon, ils puissent payer un loyer. Comment les propriétaires n'ont-ils pas le bon sens, d'introduire dans le pays de bonnes charrues qui marcheraient facilement avec deux bœufs, ou qui n'en exigeraient tout au plus que quatre dans les terrains difficiles?

Les terres, sur les côtes bordant la Loire, se louent, étant en corps de ferme, de 37 à 45 francs, sans y comprendre les prés, qui vont de 100 à 150 francs; dans le détail, elles arrivent de 60 à 75 fr. l'hectare. Les fermes se composent de 30 à 60 hectares et n'ont pas d'assolement fixe.

Le 3 juillet, j'ai visité la terre de Grand-Jouan, près Nozay, à 11 lieues de Nantes, sur la route de Rennes. Le propriétaire, M. Rieffel, était absent. M. Heuzé, qui était professeur d'agriculture dans cette ferme modèle, vient de louer la ferme principale, qui est d'une étendue de 95 hectares; il me reçut fort bien, et me fit parcourir la propriété depuis six heures du matin jusqu'à trois heures de l'après-midi. Cette terre était, il y a une douzaine d'années, une vaste bruyère d'une étendue de 500 hectares, ayant de 8 pouces à 1 pied de terre noire sur un fond d'argile grise très-imperméable. Les bruyères avaient déjà presque toutes disparu, et d'ici à deux ans il n'en restera plus. On les laboure à la charrue de Dombasle; au bout de dix-huit mois environ, on les herse avec une herse fort lourde et armée de coutres, puis on laboure en croisant; ensuite on herse de nouveau, et l'on obtient ainsi un champ couvert de mottes de gazon de bruyère; on y répand alors 8 hectolitres de noir animal, coûtant 80 fr., et l'on sème du sarrasin qui souvent ne réussit pas; l'année suivante on sème du seigle ou du froment avec 4 hectolitres de noir. Ces grains étaient très-beaux cette année, mais le seigle est ordinairement plus beau et plus assuré que le froment : vient ensuite de l'avoine d'hiver; elle est un peu claire, mais fort élevée. Après celle-ci, on met des choux de Poitou, des rutabagas repiqués et de l'avoine de printemps pour être fauchée en vert; on la remplace par des pommes de terre; les trois premières récoltes ont reçu du noir, la quatrième a été fumée. Ensuite vient du froment, excepté sur les pommes de terre qu'on remplace par du seigle; après le grain d'hiver on met de l'avoine dans laquelle on sème de la houlque laineuse et de la flouve odorante qui viennent très-bien dans ces terres. On obtient la première année un herbage bon à faucher, mais la seconde ne fournit qu'un triste pâturage qu'on laboure après l'avoir chaulé avec 12 hectolitres de chaux. Cette chaux vient de Chalonne par la Loire et le canal qui va de Nantes à Brest jusqu'à 3 lieues de Grand-Jouan. Elle coûte, rendue sur les lieux, 5 fr. 25 cent. la barrique, les frais de transport faisant plus que doubler le prix d'achat. On trouve de la chaux à 4 lieues de là, mais elle est terreuse et peu efficace. M. Heuzé a fait venir, pour faire un essai comparatif, quelques hectolitres de noir animal n'ayant pas encore servi à raffiner le sucre; il lui coûte 30 fr. l'hectolitre. Il le comparera avec le noir ordinaire, à raison de 3 hectolitres contre 6. Il a aussi fait venir trente barriques d'engrais Lainé.

M. Rieffel a construit plusieurs métairies, et j'ai eu beaucoup de plaisir à voir que les métayers ont de bons grains et des récoltes sarclées fort bien préparées. Ses instruments sont tous faits d'après les modèles de Roville; ses vaches sont de jolies bretonnes et ont un beau taureau de même race; il a de bons bœufs de travail et des juments de race bretonne assez belles.

L'école d'enfants pauvres, soutenue par le département,

est composée de vingt-cinq garçons; il y a, en outre, quatre jeunes gens qui, ne travaillant pas, payent 900 fr., et quatre autres qui travaillent et qui ne donnent que 400 fr. pour obtenir l'instruction agricole : ces jeunes gens mangent ensemble et sont logés et nourris à l'établissement.

Presque toutes les bruyères qui se trouvent sur la route de Nozay viennent d'être défrichées et sont couvertes, en grande partie, de fort beaux froments. Rien n'est plus étonnant que de voir des terres de bruyères peu profondes, dont le sous-sol, composé de mauvaise argile blanche comme de la marne, se convertit en poudre l'été et en bouillie l'hiver, produire de si belles récoltes de froment. C'est au noir animal qu'on devra le défrichement de ces vastes déserts ; aussi voit-on beaucoup de marchands de noir et de cendres sur les bords de la route. On m'a assuré que M. Rieffel en vend pour plus de 80,000 fr. par an.

Il n'existe pas de grange dans toute la propriété ; on bat de suite après la moisson : c'est là qu'une machine à battre portative conviendrait bien.

M. Rocher, fabricant d'engrais dit poudrette, à Saumur, a eu l'obligeance de me donner les renseignements suivants :

Il a l'entreprise des vidanges de la ville, et fait, en outre, équarrir plus de deux mille chevaux par an. Pour conserver les carcasses de ceux tués en hiver, il a fait construire un grand bassin en briques et ciment dans lequel on les met coupées par quartiers. Lorsque les chaleurs viennent, on les retire du bassin, puis on les enterre dans un énorme tas de poudrette ; la putréfaction, au bout de deux fois vingt-quatre heures, sépare les chairs des os qui sont retirés du tas pour être vendus 50 fr. les 1,000 kilog. ; la chair se mêle à la poudrette et en augmente infiniment la qualité. Il emploie les urines des casernes et celles qui se dégagent des vidanges lorsqu'on fait de la poudrette à arroser des terreaux qui deviennent ainsi un excellent engrais.

Un cheval ne fournit, en moyenne, qu'une trentaine de livres d'os, et ses chairs peuvent fertiliser une dizaine d'hectolitres de terreau, qui équivalent à 5 hectolitres de bonne poudrette. Il vend celle-ci 3 fr. 75 cent. l'hectolitre, et en expédie, par voitures de retour, jusqu'à 30 et 40 lieues. Ce port augmente le prix de revient de 1 fr. à 1 fr. 50 cent. l'hectolitre. Il achète les chevaux pour 6 à 10 fr., et vend les peaux au même tanneur, à l'année, de 10 à 11 fr.; l'écorchage ne coûte que 50 cent., et 1 fr. lorsqu'il n'y en a pas beaucoup.

Un bon cultivateur, des environs de Bourbon-Vendée, m'a dit que, dans son voisinage, on employait beaucoup de noir et de cendres; celles-ci proviennent de fientes de vaches qu'on pétrit avec de la terre pour en former des espèces de briques qui servent aux habitants des marais comme combustible, et dont ils vendent les cendres, leurs terres n'ayant pas besoin d'engrais. On met 60 hectolitres de cette cendre, 5 hectolitres de noir et 24 charretées à six bœufs de fumier par hectare pour le froment. Ils payent le noir qui, m'a-t-il dit, contenait au moins un tiers de tourbe ou autres matières noires pulvérisées, 10 fr. l'hectolitre; ils vont chercher les cendres à une trentaine de lieues de chez eux, et elles leur coûtent 1 fr. l'hectolitre. L'assolement adopté dans ce pays, dont les terres ressemblent singulièrement à celles de la Sologne, est de mettre deux froments de suite sur défrichements, ensuite une jachère et encore deux froments; ils fument pour chaque récolte de froment, après cela on abandonne le champ sans rien y semer; il se couvre d'herbes et de genêts, et reste plusieurs années avant qu'on ne recommence à le cultiver. Dans chaque métairie, il y a au moins 2 hectares en choux à vaches.

On ne fait pas de prairies artificielles; il prétend qu'elles ne peuvent pas réussir. J'attribue cela à ce qu'ils n'emploient point de chaux; on sarcle les froments deux fois au printemps, lors de la jachère on enlève les terres des tourailles pour les reporter sur le champ; celles-ci sont de 1 pied plus basses que le champ, et on ne les emblave pas. On met 3 hectolitres de noir par hectare, lors de la plantation des choux-cavaliers, on ouvre les raies pour y déposer le noir, puis on les referme et on plante les choux dessus. Les froments sont généralement beaux dans ces mauvaises terres, mais cela se conçoit après de si fortes fumures et deux sarclages. Je n'ai vu écobuer qu'un champ d'une médiocre étendue pendant mon voyage de Nantes à la Rochelle. Les champs sont d'ordinaire petits et bordés de chênes et d'arbres étêtés. On met dans ces terres très-légères six bœufs à la charrue.

On quitte les sables pour entrer dans les terres calcaires et pierreuses, à 3 lieues avant d'arriver à Luçon. Ces mauvaises terres de la Vendée sont fort chères; mais j'ai trouvé que les froments sur les terres calcaires peu profondes sont infiniment moins bons que ceux faits sur les sables froids. Je n'ai pu juger de la culture des terres en me rendant de Luçon à la Rochelle, car il faisait nuit. Depuis cette dernière ville à Rochefort, on traverse une partie de ce qu'on appelle *le Marais;* on y voit des froments horriblement sales. La plus grande partie de ce pays est un herbage dont on fauche la moindre portion; le reste est pâturé par des bêtes à cornes qui gâtent plus de moitié de l'herbe qui reste desséchée sur l'herbage. Plus loin on traverse un fort beau pays dont les terres sont parfaites, mais la culture fort mauvaise. Le pont qu'on construit sur la Charente, à quelques lieues de Rochefort, sera à plus de 140 pieds au-dessus des basses eaux; c'est une construction bien grandiose, ainsi que celle de Saint-André-de-Cubzac.

La Saintonge est mieux cultivée, et ce que j'en ai vu m'a paru très-fertile; ce sont des terrains calcaires. Les bâtiments des fermes dans les campagnes, depuis Nantes jusqu'à Bordeaux, m'ont paru meilleurs qu'ils ne le sont dans d'autres parties de la France. Le bétail est généralement beau sur cette route, mais infiniment plus gros dans le voisinage du Marais. On emploie beaucoup de juments, et les chevaux y sont presque tous hongres; ils ne sont pas beaux, et fort hauts sur ambes.

En sortant de Bordeaux pour me rendre à Arcachon, le

premier jour de l'ouverture du chemin de fer qui unit ces deux villes, j'ai fait en une heure et demie 13 lieues qui, hier encore, ne pouvaient se parcourir qu'à raison d'une lieue par heure, tant on enfonce dans ces sables noirs qui ont une profondeur de 66 centimètres sur une couche de sable ferrugineux aggloméré qui rend la couche supérieure imperméable ; ce sable aggloméré, se trouve le plus souvent à 2 ou 3 pieds de profondeur, mais aussi quelquefois à 1 pied. Le sol de ces bruyères est un sable noir lorsqu'on les laboure, il devient blanc à la superficie quand il a plu. Les bruyères paraissent être, en général, très-vigoureuses; il y en a plus de l'espèce blanche que de la noire : il y a des ajoncs et de la fougère dans les endroits plus élevés qui ne sont pas humides ; on voit des endroits qui sont garnis en taillis de chênes, enfin beaucoup de pins maritimes qui viennent fort hauts et très-droits. On les entaille sur deux côtés à la fois, et l'on pousse ces entailles jusqu'à 12 ou 15 pieds de hauteur.

On assure que 1 hectare bien garni de pins, âgé de plus de trente ans, peut donner un revenu annuel de plus de 50 fr. par la résine; mais je n'ai vu que des bois de pins clair-semés. Nous avons traversé quelques villages dont les terres, anciennement cultivées, ne paraissent pas mauvaises malgré l'assolement le plus épuisant dont j'aie encore entendu parler, froment ou seigle en petits billons bombés; on sarcle ces grains en avril, et l'on sème entre deux billons du millet paniculé, qui ne commence à s'élever qu'une fois que la récolte du grain est faite; alors on arrache le chaume, quoiqu'il ait été coupé près de terre, cela donne une première culture au millet ; à mesure qu'il s'élève on refend les billons, puis on butte le millet à la charrue. Lorsqu'il a été récolté, on fume sur chaume et puis on sème le froment ou le seigle, mais plutôt du premier qui est d'une espèce barbue; enfin on recouvre en formant les billons et en ne donnant ainsi qu'un seul labour.

A la Teste et dans deux villages voisins, on a adopté depuis quelque temps, un meilleur assolement : première année, froment fumé; deuxième, incarnat qu'on remplace immédiatement par du maïs et des haricots, ensuite froment et millet, puis l'on recommence. On fume chaque fois le froment; on donne aussi du fumier au maïs lorsqu'on en a assez, sinon on emploie de la vase de mer et des sables coquilliers pris dans la baie. On met vingt-quatre tombereaux de ces engrais de mer par hectare, ou bien seize de fumier; on cultive aussi des vignes qui n'ont pas un air de prospérité. Toute cette culture, excepté les rares labours, est faite par les femmes; les hommes sont ou marins ou voituriers. Ces assolements si épuisants ne peuvent exister, je pense, qu'à raison de la facilité qu'on a de se procurer des sables et de la vase de mer.

Les cultures des différentes directions ou sous-directions de la compagnie agricole d'Arcachon, n'en sont en général, qu'aux défrichements; à peine a-t-on semé quelques seigles. On n'y fait pas de sarrasin, mais autant de pommes de terre que le permet, le peu de fumier produit par les animaux de trait, et celui de quelques vaches pour lesquelles on est obligé d'acheter le fourrage; à quoi il faut ajouter les engrais fournis par quelques troupeaux de moutons des Landes. Ces messieurs espèrent beaucoup des prairies qu'ils sont en train de semer sur les bruyères défrichées depuis deux ans, et qui ont reçu à peine un peu de fumier qu'on avait mis au pied de chaque pomme de terre, des choux-cavaliers, du maïs ou des haricots.

Ils ont seulement fait venir cette année, par le chemin de fer qui a fait quelques charrois pour eux avant d'être ouvert au public, quelques centaines d'hectolitres d'un engrais pulvérulent, qui est fait en grande partie avec de la suie; il leur coûte, pris à Bordeaux, 3 fr. l'hectolitre, mais il en faut les deux mains pleines pour chaque plante; en Bretagne, gros comme une noix de noir animal suffit pour chaque chou. M. de Bonneval a semé cette année, plusieurs hectares de seigle de la manière suivante : il a fait tracer des lignes avec un rayonneur; des femmes ont déposé, dans ces lignes espacées de 15 à 18 pouces, du fumier à la main à la distance de 8 à 10 pouces dans la ligne; d'autres femmes suivaient et mettaient un peu de seigle sur le fumier; enfin on recouvrait en formant de petits billons à la charrue. Cet essai fait en grand, paraît avoir réussi; je n'en ai vu que le chaume qui annonçait avoir fourni une plante vigoureuse, mais suivant moi beaucoup trop espacée. Une commission de la Société d'agriculture de Bordeaux s'est transportée sur les lieux pour constater la réussite, mais on ne lui a pas expliqué la manière dont on avait opéré, à ce que m'a dit un des membres de cette députation, M. de Bonneval voulant prendre un brevet pour cette invention. Le seigle avait 6 pieds de haut et des épis de plus de 6 pouces de longueur; il était cependant de l'espèce du pays.

M. de Vissock, un des trois gérants de la compagnie d'Arcachon, qui étant ingénieur de la marine, avait été envoyé à la Teste pour son service, fut chargé par la compagnie des Landes d'examiner la possibilité des irrigations qu'elle projetait; il lui vint dans la pensée, qu'une nouvelle compagnie qui débarrasserait celle des Landes d'une partie de sa trop vaste entreprise, pourrait faire une chose profitable à toutes deux. Il fut donc le créateur de cette société. M'étant présenté chez lui, où se trouvaient réunis à déjeuner MM. de Salvert, de Marpont, de Blacas, et plusieurs autres personnes dont je ne connais pas les noms, je priai M. de Vissock de me dire comment je devais m'y prendre pour visiter leurs grands travaux. Il eut la bonté de me proposer d'être mon guide. Nous commençâmes par visiter la direction de M. de Bonneval, qui est de plus de 1,000 hectares et se trouve en grande partie défrichée. Cette opération se fait en piochant les bruyères à tranche ouverte, ce qui, grâce à la concurrence des ouvriers basques-espagnols qui se sont présentés en grand nombre, ne coûte que de 40 à 60 fr. par hectare, prix qui n'est guère que la moitié de celui qu'on avait donné précédemment aux ouvriers français. On laisse ensuite ce piochage se consommer pendant dix-huit mois, après quoi on laboure, on herse avec des herses de Valcourt, qui sont armées de coutres au lieu de dents, on ramasse les gazons rebelles qu'on brûle, puis on recommence sur de nouveaux frais; enfin on emploie le râteau à cheval pour réunir les racines, et la pelle à cheval de Flandre pour niveler le terrain; après tous ces travaux, on plante des pommes de terre ou des choux-vaches, qu'on fume au pied, ou bien on sème du seigle. On m'a montré quelques prés semés comme première récolte, et que l'on commence à irriguer; on a l'intention d'étendre l'expérience à plusieurs milliers d'hectares, mais je crains bien que des terres de bruyères, ayant une profondeur de plusieurs pieds et se trouvant sur une couche de sable ferrugineux souvent très-épaisse et dure, ne puissent, étant si récemment cultivées, produire des prés passables malgré l'irrigation; les eaux du vaste lac, dit étang de Cazaux, qui n'est entouré que d'immenses landes ou de dunes sablonneuses, qui doivent servir à ces irrigations, ne pouvant guère être fertilisantes.

On m'a fait voir plusieurs grands jardins entourant les habitations de MM. les directeurs, dans lesquels les arbres fruitiers poussaient très-vigoureusement, et avaient la plus belle écorce possible et même des fruits. J'ai vu aussi de beaux oignons, choux et autres légumes, des melons très-bien venants plantés en poquets, des tomates extraordinaires pour la vigueur, des maïs et des haricots très-vigoureux. M. de Bonneval, qui s'occupe maintenant de mettre sa terre près de Gannat, en ferme modèle et école d'agriculture, a cédé déjà près de moitié des terres de sa direction à un M. de Wenzel et à son beau-frère ainsi qu'à plusieurs habitants de la Teste. M. de Freycinet a fait de même en abandonnant partie de ses terres à des fabricants de fécule, à qui l'on concède une des chutes, que formera le canal de la compagnie des Landes.

J'avais oublié de dire que le canal qui va du bassin d'Arcachon au lac Cazaux a été fait sur une très-vaste échelle; qu'il est très-large et, dans beaucoup d'endroits, extrêmement encaissé. Tout ce qui est sorti n'est que du sable tout à fait blanc, comme celui qu'on vend pour récurer les casseroles; on l'a semé en pins maritimes. Pour éviter que le vent n'emporte le sable et la semence, on a mis des grandes bruyères par-dessus, qu'on a fait tenir au moyen d'une poignée de sable posée sur leurs tiges. On ne comprend pas comment les pins peuvent réussir sur du sable aussi pur; cette vue est faite pour encourager à semer des pins maritimes dans toutes les terres légères, telles mauvaises qu'elles soient, pourvu qu'elles ne soient ni trop humides, ni calcaires, ou sans fond, sur roche.

M. de Puységur et le baron de Blacas étaient aussi absents; nous n'avons trouvé, dans neuf ou dix fermes que nous avons parcourues, que M. le baron de Pignol et le régisseur de M. de Bonneval. On se sert généralement de la charrue Rozé à avant-train; nous n'avons vu que cinq ou six attelages, et que fort peu d'ouvriers ou domestiques dans les fermes ou dans les champs : il n'y avait un peu de vie que chez M. du Pignol, qu'on m'avait signalé d'avance comme le meilleur agriculteur. J'y remarquai effectivement, dans un champ d'environ 8 ou 10 hectares de récoltes sarclées, de belles pommes de terre, des betteraves ayant bonne mine, beaucoup plus de haricots que je n'eusse désiré en voir dans une ferme qui a besoin de fourrages; mais je n'aurais pas cru qu'ils pussent aussi bien réussir dans une terre si aride. A côté de là se trouvaient plusieurs hectares d'avoine semée fort clair pour protéger un jeune pré; cette dernière ne donnera pas trois fois la semence. On me fit voir un petit champ de luzerne assez bien levée, mais dont une partie jaunit déjà; on m'a dit qu'elle avait été semée dans un terrain défoncé à la bêche, et qu'on n'y avait presque pas mis d'engrais. Je suis persuadé qu'elle ne réussira pas, d'abord parce que la terre de bruyère ne lui convient pas avant que son acidité n'ait été détruite par des fumures répétées et de la chaux, ensuite parce que l'allios ou sable ferrugineux et l'eau qui se trouvent à 3 pieds de profondeur y mettront bon ordre. M. du Pignol s'était chargé de semer les graines anglaises que j'avais données à ces messieurs; il m'a fait voir des avoines magnifiques par leur vigueur et leur hauteur : à la vérité elles avaient été semées dans le jardin. Il venait seulement de semer les navets et les rutabagas, et tout était parfaitement arrangé et étiqueté.

Il y a de superbes pépinières, surtout celle des châtaigniers dont il fait grand cas, étant propriétaire dans le Périgord où son fils administre ses biens à sa place.

Il venait de recevoir un hache-ajonc, mû par un manége à un cheval, qui lui a coûté 600 fr. Il a déjà semé un champ en ajonc, et compte en faire un grand usage pour ses chevaux, bœufs et vaches, qu'il nourrit maintenant avec de la paille hachée qu'on saupoudre de son en l'humectant.

Il a semé, il y a deux ans, un petit champ d'environ 20 ares en pré, et un autre l'année dernière; il m'a dit qu'ils lui avaient fourni une coupe abondante : j'ai remarqué que le plus ancien se détruisait déjà en s'éclaircissant et en se garnissant d'oseille. Ces messieurs eussent dû faire un tour dans la Vendée et dans la Bretagne, avant de commencer leur immense opération ; ils y eussent appris le mérite du noir animal et des cendres, ainsi que celui du sarrasin que je n'ai pas vu cultiver chez eux : ils se seraient alors procuré du noir animal dans les raffineries de Bordeaux, qui leur serait revenu à 5 ou 6 fr. l'hectolitre, tandis qu'en Bretagne on le paye 10 fr. après qu'un tiers ou moitié de poussière de tourbe ou de charbon y a été mêlé, friponnerie qui n'empêche pas le noir d'y être encore très-profitable. Leurs défrichements seraient couverts de magnifiques récoltes au lieu de n'en avoir que quelques chétives, et, bon gré, mal gré, il faudra qu'ils finissent par où ils auraient dû commencer s'ils veulent réussir (1).

Nous sommes retournés à la Teste, distant de près de 4 lieues de l'endroit où nous étions, et nous y sommes arrivés à neuf heures passées, après une course de huit heures à cheval. J'ai remercié de mon mieux M. de Vissock, qui a été d'une obligeance extrême pour moi, et qui a répondu à mes

(1) Le noir animal neuf vaut 22 fr. les 100 kilog. ; celui qui a servi pris chez les raffineurs sans être fraudé, de 5 à 6 fr. l'hectolitre. Les os se vendent de 4 fr. 50 cent. à 5 fr. les 100 kilog.

nombreuses questions comme un homme fort intelligent et très-complaisant. Le lendemain je suis parti avec le convoi du chemin de fer à cinq heures du matin, n'emportant pas une idée favorable de cette entreprise, non que les terres ne soient susceptibles de donner de très-bons produits, surtout maintenant qu'elles ne se trouvent plus qu'à deux heures de distance de Bordeaux, où les cultivateurs pourront placer avantageusement leurs produits, et d'où ils rapporteront les engrais facilement transportables, qui leur donneront le moyen de faire de bonnes récoltes et beaucoup de fumier, mais parce qu'elle a été mal conduite. Il m'a semblé qu'on avait dépensé beaucoup d'argent à construire de belles et spacieuses maisons pour MM. les directeurs et sous-directeurs, et que les bâtiments de culture étaient loin d'être assez vastes; ils ont l'air d'avoir été établis d'une manière tout à fait provisoire, formés qu'ils sont de planches de pins et couverts de joncs.

M. de Vissock m'a dit qu'ils attendaient des fermiers du département du Nord, qui avaient envoyé d'avance reconnaître le terrain. L'aspect de ce pays plat, formé de sable de couleur noire quand on vient de le labourer, mais qui devient blanc à la superficie lorsqu'il a plu, est triste; les chemins sablonneux dans lesquels les chevaux enfoncent par-dessus les paturons, la presque impossibilité d'aller à pied dans un pareil sol, m'ont singulièrement déplu. L'abandon des défrichements, le peu d'ouvriers dans les champs, l'absence de leurs fermes de presque tous les directeurs, le lendemain d'un jour qu'ils avaient dû passer avec les autorités de Bordeaux, qui étaient venues ouvrir le chemin de fer, et avaient donné ou reçu un grand dîner, tout cela me ferait supposer qu'il y a du découragement et même du dégoût, ce qui n'existerait pas si l'on avait écobué au lieu de piocher, et si l'on avait acheté beaucoup de noir.

Je suis allé voir l'établissement de charité de la Chapelle du Becket, à une petite lieue de Bordeaux; on y élève une quarantaine d'orphelins pour en faire des agriculteurs. Ce sont des frères de la doctrine chrétienne, venus de Bretagne, qui dirigent cet établissement; ils ont dernièrement fondé un nouvel ordre, qui se destine à élever des enfants pauvres pour en faire de bons domestiques de ferme. Le frère François, qui est le chef de cette maison, a été appelé à Bordeaux par M. l'abbé Buchon, qui lui a confié ses orphelins et qui lui a fait prêter, par sa sœur, une somme d'environ 40,000 fr. Cette somme a été employée à acheter un château entouré de 45 hectares de terres sablonneuses, sur un sous-sol d'argile marneuse, et qui se trouvait dans un véritable état d'abandon depuis une dizaine d'années. Cette propriété, située à la porte d'une si grande ville, ne leur a coûté que 35,000 fr.; avec le reste de l'argent et des aumônes, on a acheté le mobilier, des bestiaux, on a fait vivre depuis six mois les maîtres et les enfants, environ soixante personnes; enfin l'on construit un bâtiment considérable pour loger plus à l'aise les orphelins et quarante enfants détenus pour vagabondage ou petits larcins, et pour lesquels l'établissement recevra ce qu'ils coûtaient dans la prison. Ces deux espèces de jeunes gens, qui vont être confiés à frère François, n'auront point de communications ensemble; ils auront des logements et des cours séparés, et travailleront loin les uns des autres. Frère François m'a fait voir des instruments d'agriculture qui lui avaient été donnés par M. Hallié, jeune fabricant d'instruments aratoires à Bordeaux.

Les enfants travaillaient au jardin; on charroyait du fumier avec de bons chevaux : un frère, jeune homme très-fort, conduisait une charrue Rozé, attelée de deux superbes bœufs et d'une jument guidés par un enfant; il labourait à près de 1 pied de profondeur et avait attelé pour cela ses bêtes à plus de 8 pieds de sa charrue. Je vis d'assez belles pommes de terre, faites sans fumier, dans des vignes défrichées, beaucoup de choux à vache. Frère François a fait construire un grand bassin en maçonnerie pour contenir les vidanges liquides qu'on lui amène pour 75 c. les 2 hectolitres; on les jette dans ce pays ordinairement à la rivière. Il a acheté une grande tonne à huile cerclée en fer, l'a fait monter sur une charrette dont les roues ont des jantes larges de 6 pouces, et il compte arroser ses terres avec ces vidanges.

J'ai vu un taillis d'acacias, dont les tiges servent à faire des échalas qu'on préfère à ceux de chêne, et le directeur m'a dit que 1 hectare de cette plantation produisait 300 fr. tous les cinq ans. Il espère acheter une propriété considérable qui touche à la sienne; les bâtiments qui formaient autrefois un couvent en sont très-beaux et très-vastes.

Je quittai cet établissement bien moins satisfait que je ne l'étais en sortant de Mettray, mais avec l'espérance qu'il ferait encore beaucoup de bien.

Je fis une visite à M. Hallié, qui me fit voir son musée d'instruments aratoires et de modèles qui sont parfaitement exécutés; je lui ai montré quelques dessins de machines anglaises et l'ai engagé à en faire venir quelques-unes, entre autres la machine à battre portative, la charrue à défoncer le sous-sol sans le ramener à la surface, une charrue écossaise de Wilky, une charrue belge américaine, un scarificateur de Biddels, un râteau à cheval, etc. Il est fort probable qu'il en fera venir quelques-unes, car c'est un jeune homme très-intelligent, fort zélé pour les perfectionnements et qui a déjà importé des charrues de Belgique.

Je partis de Bordeaux, à quatre heures du matin, par le bateau à vapeur d'Agen; nous eûmes un brouillard froid qui nous contraria, mais après une couple d'heures, le temps devint charmant et la température modérée. Les bords de la Garonne annoncent un pays riche, mais ne sont pas aussi pittoresques que ceux de la Seine et de la Loire. Je quittai le bateau à Tonneins, petite ville située sur un rocher à pic bordant la Garonne, d'où l'on jouit d'une vue admirable sur cette belle et riche vallée.

De là, nous nous rendîmes, quelques-uns de mes compagnons du bateau et moi, à Villeneuve, en traversant un des pays les plus riches de France, tant par la qualité des terres que par la bonté de sa culture; c'est le pays qui fournit les pruneaux d'Agen. On assure qu'il s'en récolte année commune, pour 6 millions de francs et qu'il s'en vend sur le marché de Villeneuve, pour 2 millions. Ce pays est couvert de vignes qui rapportent abondamment, quoique le vin ne soit pas d'une grande qualité ; il y en a qui sont plantées comme ailleurs, mais on en voit aussi beaucoup qui sont en lignes espacées de 6 à 7 pieds; les ceps s'y trouvent placés à 3 ou 4 pieds les uns des autres. On leur donne deux façons avec une charrue attelée de deux bœufs; 1 hectare de ces vignes en bonne terre, bien soigné sans être fumé, mais recevant seulement de la bonne terre, donne en moyenne, de 15 à 20 barriques de vin, valant de 20 à 25 fr.; il faut pour le cultiver, 25 journées d'homme à 1 fr. 50 c., et 6 journées d'une charrue, qu'on estime chacune à 3 fr. On prétend que les sarments payent les façons et les impôts, et que le produit du vin est un profit net; ce serait alors un produit de 300 fr., sur lequel reste à défalquer l'intérêt du capital d'acquisition.

Les terres en métairies valent de 1,500 à 2,000 fr. l'hectare; les prés irrigués se vendent de 8 à 10,000 fr. et donnent un revenu de 5 pour 100 net, car on ne fait presque pas de prairies artificielles; on commence seulement à faire quelques luzernes et un peu de trèfle et sainfoin. Le foin vaut habituellement de 30 à 35 fr. et souvent plus; les métairies sont ordinairement de 30 à 40 hectares, et ont deux ou trois paires de beaux bœufs qui labourent à deux ; la charrue, dont l'age se prolonge jusqu'au joug, m'a paru être bonne, fort légère, et pouvoir labourer profondément des terres assez fortes.

On plante aussi les vignes sur deux rangs espacés de 6 à 8 pieds, entre lesquels on place des pruniers; ces doubles rangées sont fort éloignées entre elles, et l'on cultive l'intervalle qui les sépare comme les terres nues : près des villes il existe des terres qui se vendent jusqu'à 4 à 5,000 fr. l'hectare.

Un domaine contient ordinairement de 10 à 15 bêtes à cornes, une jument et une quarantaine de moutons. On fait beaucoup de trèfle incarnat pour leur nourriture et l'on a aussi des prés. On sème d'habitude quelques hectares de maïs-fourrage, qui se fait de quinze en quinze jours par parcelles; on commence à le couper dans la première quinzaine de juillet, lorsque les premiers épis se montrent; un homme en porte assez pour nourrir 5 bêtes, car il paraît qu'on ne les nourrit pas entièrement avec ce précieux, mais épuisant fourrage. On m'a cependant dit que ce n'est que le dernier coupé qui épuise beaucoup, parce qu'on n'a pas le temps de bien façonner la terre avant de semer le froment.

L'assolement du pays est biennal, tous les deux ans du froment; on intercale du trèfle incarnat, des haricots, du maïs pour grain ou pour fourrage, et rarement du trèfle de Hollande, un peu de citrouilles, des pommes de terre en petite quantité, des féveroles d'hiver, presque pas d'avoine, mais beaucoup de tabac du côté de Tonneins. On met dans les bonnes terres de 30 pouces à 3 pieds de séparation entre les lignes des récoltes sarclées, et, dans les terres médiocres, on les espace beaucoup plus. Les haricots se mettent, dans le premier cas, sur deux rangs; dans le second, sur un. Le maïs-fourrage se sème à la volée; il faut ensuite l'arracher le plus tôt possible, car la racine use encore la terre une fois la tige coupée. Les froments ne sont pas beaux cette année; on pourrait, dans ce pays qui est très-précoce (la moisson de froment est en grande partie faite, le 9 juillet), faire deux récoltes; mais le manque de fumier s'y oppose et la sécheresse doit être encore un plus grand obstacle. Si l'on faisait beaucoup de luzernes dans ces terres qu'on dirait être faites exprès pour elles, on aurait beaucoup de fumier, tandis qu'on est forcé de nourrir le bétail presque seulement de paille en hiver.

On m'avait donné l'adresse de trois personnes qui cultivent fort en grand, et très-bien m'a-t-on dit, entre Villeneuve et Agen. Ce sont MM. Buart, de Raffin et de Reignac; je comptais aller les voir ce matin, mais une pluie à verse m'en a à mon grand regret empêché.

Les environs d'Agen sont d'une grande fertilité, surtout les bords de la Garonne qu'on côtoie pendant quelques lieues après l'avoir traversée ; mais, en avançant du côté d'Auch, la fertilité de la terre et sa bonne culture diminuent. A Lectoure on jouit d'une vue admirable sur la vallée du Gers ; on a érigé nouvellement dans cette ville, une statue en marbre au maréchal Lannes. Les vitraux et le chœur de la cathédrale d'Auch sont très-remarquables.

Ayant été forcé de voyager de nuit, je ne puis parler de Tarbes ni de ses environs; mais au jour qui nous vint à quelques lieues de Pau, je vis malgré la pluie, une campagne magnifique, couverte de beaux chênes, de châtaigniers et d'une immense quantité de grands têtards, qui embellissent le paysage, mais qui doivent bien nuire à la fertilité des champs : ceux-ci sont divisés en petits enclos, dans lesquels on voit beaucoup de pâturages couverts de fougères.

Pau est une assez jolie ville par elle-même, mais ses environs et son parc sont tout ce qu'on peut remarquer de plus beau, même lorsqu'on a beaucoup voyagé. La vallée du Gave, les coteaux du Jurançon sur lesquels est bâti le village de ce nom, les charmantes maisons de campagne qui se détachent çà et là, enfin les Pyrénées qui forment le fond du tableau, tout se réunit pour orner ce ravissant pays.

Le temps étant à la pluie et tout à fait défavorable aux baigneurs, je me suis décidé à visiter Bayonne. La route qui y conduit directement de Pau, vous fait suivre pendant fort longtemps, la magnifique vallée du Gave, qui est très-fertile et qui serait bien cultivée si les prairies artificielles y étaient plus communes; cette absence est sans doute, la raison qui fait que le bétail y est fort petit. La plus grande partie des terres est couverte de maïs qui souffrait beaucoup de ce temps froid et humide. La moisson aurait dû être faite, mais la pluie empêchait de couper le froment et de rentrer celui qui était coupé; aussi le prix de cette céréale montait-il sur les marchés; elle valait hier, sur celui de Pau, 17 fr. La halle de cette ville est fort belle et très-commode; les voitures y entrent pour décharger et recharger. Dans la plupart des villes que j'ai traversées depuis Agen, j'ai vu des halles nouvellement construites et fort belles.

Après avoir passé l'Adour, large rivière qui vient des Landes, nous montâmes une forte côte où se trouvaient d'immenses carrières de pierre calcaire, puis nous traversâmes un pays de coteaux, coupé d'étroits vallons, couverts en grande partie de bruyères, malgré que les terres qui s'y trouvent de distance en distance, soient excellentes. On voit de temps en temps des carrières de pierres à chaux et des marnières; ce pays ne serait néanmoins nullement désagréable à habiter, son aspect étant assez gai. Ces landes, dont le fond paraît très-bon, ne sont pas en sable noir de bruyère, et n'ont pas de couche de sable ferrugineux dans le sous-sol qui est une terre compacte et productive; enfin je crois que des défrichements pourraient devenir une chose fort profitable dans cette contrée, d'autant plus que ces bruyères viennent jusqu'à la porte de Bayonne, et qu'on pourrait exporter ses denrées par ce port de mer.

Il y a de ces bruyères placées de manière à dominer la vallée de l'Adour et à jouir de la vue des Pyrénées; on pourrait y ériger une habitation fort agréable. On voit, dans ce pays, des moutons à laine grosse et longue, à figures et jambes noires et à grandes cornes; ils ressemblent infiniment aux moutons à tête noire d'Écosse. On m'a dit qu'il fallait 4,000 hectares de bruyères dans les Landes pour faire vivre un troupeau de 1,600 bêtes à laine; elles donnent 1 kilog. de laine valant 1 franc.

La ville de Bayonne est fort jolie; on y fait des constructions considérables qui lui donnent tout à fait l'air d'une très-grande ville.

Les pins dans les Landes, fournissent de la résine et du goudron, depuis l'âge de 20 ans jusqu'à celui de 90 ans. Le bois des arbres saignés est meilleur et plus durable que celui des pins qui n'ont pas fourni de résine. Mille pins donnent, chaque année, environ 4 barriques de goudron, qui pèsent ensemble 444 kilogrammes; 350 kilogrammes se vendent 45 francs. La résine est plus chère; la barrique se paye 50 francs.

On emploie dans ce pays, un outil qui ressemble à une très-courte, mais fort large faux; il sert à faucher les landes pour litières et laisse la terre toute nue : ce serait un instrument à se procurer, soit qu'on eût des landes, soit pour couper les ajoncs fourrages.

On fait beaucoup travailler les vaches dans toute la contrée, et l'on est étonné de voir la force de ces pauvres petites bêtes, qui traînent fort bien 1,000 kilog. à deux, quoiqu'elles soient de la plus petite taille et que le pays soit montueux.

On ne pratique pas l'écobuage dans les bruyères de ce pays; on n'y connaît pas non plus l'emploi du noir; aussi n'y fait-on pas de défrichements, les engrais manquant pour les nouvelles terres.

J'ai cependant vu en me rendant à Biaritz, des bois de pins défrichés ainsi que des landes, dans lesquels se trouvaient d'admirables champs de maïs de tout âge, tant de ceux semés en avril que ceux faits après le farouch, enfin ceux venus après le seigle et qui ne faisaient que de sortir de terre. J'ai vu aussi quelques prairies fort belles. Les fumiers de la ville ont fertilisé ces déserts, dont le fond du reste, est-très bon; on a ensuite les engrais de mer à portée; enfin la côte est une roche calcaire de couleur grise, veinée de quartz blanc, qui fournirait la meilleure chaux, ou même de la marne en abondance; mais on ne connaît pas dans ce pays, ses qualités fertilisantes en culture.

Nous quittâmes Bayonne à 6 heures et demie du matin, et, peu de temps après avoir abandonné cette ville, nous retrouvâmes de nouveau beaucoup de bruyères, dont le fond me parut excellent. Près de Saint-Jean-de-Luz et d'un village orné d'une belle habitation de campagne, la terre était encore fort bien cultivée; plus loin, vers les frontières d'Espagne, le pays devient tout à fait montueux et n'est couvert que de fougères, à l'exception de quelques fermes isolées, qui sont fort bien bâties et parfaitement entretenues. Près du pont de la Bidassoa, qui sépare la France de l'Espagne, se trouve encore un beau village français, Béhobie; mais dès qu'on passe de l'autre côté, tout change; culture négligée, maisons en ruines, ou du moins sales et dégoûtantes, route détestable. Peu de temps après, nous entrâmes à Yrun, sale petite ville à peu près dépavée. On fut fort longtemps à signer nos passeports, formalité qui nous coûta 2 fr., plus le pourboire qu'il avait déjà fallu donner aux douaniers.

Nous parcourûmes péniblement un pays de montagnes jusqu'à Saint-Sébastien, qui est une ville fort bien bâtie et dans un endroit très-pittoresque; elle renferme une fort belle place et une église remarquable. Dans ses environs, on amende la terre avec de la chaux; il n'y a plus de vignes dans ce pays, mais en revanche on y voit beaucoup de pommiers à cidre. J'ai remarqué près de là, l'usage de faire de très-petites gerbes et de les placer debout, méthode employée en Écosse; il est fâcheux qu'elle ne soit pas connue de tous les cultivateurs français, ils pourraient l'employer dans les années humides.

Je ne poussai pas plus loin mon excursion et je revins à Bayonne.

On importe par mer dans cette ville, de petites vaches bretonnes noires et blanches, qui donnent d'assez bon beurre. Une dame anglaise, avec laquelle j'ai voyagé dans ce pays, m'a communiqué une bonne manière de le saler : il faut d'abord laver le beurre dans plusieurs eaux jusqu'à ce qu'il ne contienne plus de petit-lait; après cela, on le lave avec soin en le pétrissant encore aussi bien que possible, avec de l'eau qu'on a fait bouillir avec du sel; on le laisse environ une heure dans cette eau, puis on le presse afin de la faire sortir. On le met alors dans un pot de terre où on le foule bien, puis on le recouvre avec un peu d'eau salée; de cette manière il se conserve parfaitement pendant un mois.

Il faut battre la crème avec suite, mais jamais précipitamment, afin d'éviter qu'elle ne mousse, ce qui empêcherait le beurre de se former. En hiver, on râpe de la carotte dont on exprime ensuite le jus; on en fait chauffer une dose suffisante avec de l'eau, et l'on réchauffe ainsi la crème, ce qui colore le beurre et le fait prendre en même temps.

En quittant Peyrehorade, petite ville située sur la route de Bayonne à Pau, pour nous rendre à Oloron, nous traversâmes le gave de Pau, ensuite celui d'Oloron, enfin plusieurs autres qui viennent se jeter dans celui-ci, au milieu d'une magnifique vallée, d'un sol très-fertile et bien cultivé. J'y ai aperçu infiniment plus de froment que dans les pays que je venais de parcourir. L'assolement est froment, maïs; on a du farouch en récolte dérobée : on y voit aussi quelques trèfles et luzernes. Une partie des champs de froment sont mêlés de féveroles d'hiver; on m'a dit qu'on employait cette méthode pour préserver le premier des brouillards, et que les fèves ne s'ouvraient pas, malgré qu'elles soient mûres un mois avant le froment.

On plante des arbres fruitiers auxquels on accole un cep de vigne qui, presque toujours, empêche l'arbre de prospérer, mais qui étant ainsi soutenu, produit beaucoup de raisins faisant de mauvais vin en abondance; cela a du moins, le mérite d'embellir singulièrement le paysage.

Le pays est couvert d'arbres magnifiques et de belles prairies, dont une partie se trouve irriguée; on est étonné et même affligé de voir malgré cette prospérité, encore de grandes étendues de landes qui descendent jusque dans le fond des vallées. La plupart de ces landes sont des communaux, mais les propriétaires du pays en ont aussi, leurs métayers leur persuadant, qu'ils ne peuvent s'en passer pour fournir des pâturages aux bestiaux et pour s'y procurer de la litière. Je comprendrais encore cela, si on laissait les pentes rapides des coteaux en bruyères, mais le fond des vallées fertiles, quelle routine! On estime ces bruyères de 500 à 1,000 fr. l'hectare, selon leur proximité des villes et villages; ces derniers sont très-rapprochés, et ont plutôt l'air de gros bourgs que de villages; les maisons sont grandes, solides, mais mal placées.

Les 8 lieues que j'ai parcourues, depuis Oloron jusqu'à

Pau, sont tout ce que j'ai vu de plus beau dans mon voyage. Tous les voyageurs qui visitent ce pays ne devraient pas s'en retourner sans avoir fait cette charmante course.

J'ai remarqué et admiré les belles plantations de peupliers de la Caroline, qui se trouvent dans les environs de Bayonne: ils viennent infiniment plus vite que les peupliers d'Italie, avec lesquels on les a entremêlés. Un arbre que je n'avais pas encore vu, et qu'on a beaucoup planté sur la route de Pau à Bayonne, c'est une espèce de chêne dont les branches ont le port de celles du peuplier d'Italie, et cette variété de chêne a l'air de venir rapidement.

Les terres entre Peyrehorade et Bayonne valent 1,000 fr. les 2 hectares, dont 1 sur 2 est en fougères ou bruyères; il s'y trouve d'excellente marne et de la pierre à chaux; c'est un très-beau pays qui est sain, ni trop chaud ni trop froid, mais où il pleut souvent.

Une belle propriété, bâtie à la moderne, située sur la route de Bayonne à Bordeaux, à 8 lieues de la première de ces deux villes, dont l'étendue est de 1,500 hectares, parmi lesquels il y a beaucoup de terres cultivées et des bois, la luzerne y venant très-bien, le plâtre y faisant un grand effet, se vendrait à 4 pour 100, cela dans l'état actuel de culture; les prés sont très-bons : elle est située peu loin des bords de l'Adour qui est navigable; on l'aurait pour 180,000 fr.

Les landes des environs de Bayonne sont d'une grande fertilité; elles contiennent le calcaire soit en pierres, soit en marne. Il me semble qu'il y a immensément à faire dans ce pays, qui est chaud et humide en été, pas trop froid en hiver. Les figuiers en plein champ y viennent magnifiques, les arbres forestiers de toute beauté, les chênes surtout. La proximité du port, soit pour l'exportation des produits, soit pour l'importation des engrais, n'est pas un petit mérite, la salubrité de l'air en est un très-grand.

La beauté des bêtes à cornes, l'excellente qualité des chevaux du pays, soit qu'on les prenne dans les Landes, soit dans les Pyrénées, est encore un grand avantage. On fait habituellement parcourir à ces derniers de 8 à 10 lieues sans seulement les laisser souffler, et ils sont fort mal nourris. Hier nous avons fait 5 lieues avec des chevaux qui venaient d'en faire 15 sans se reposer.

Le pays entre Pau et les Eaux-Bonnes est bon et beau, car les montagnes sont couvertes, même à une grande hauteur, d'une excellente terre. On y voit de fort beaux arbres, des hêtres énormes mais mutilés, car on les traite en têtards, des sapins ayant jusqu'à 4 et même 5 pieds de diamètre, et, dans les vallées, des chênes et des noyers admirables. Les récoltes de ces vallées, soit en froment, orge ou maïs, sont de toute beauté; le peu de trèfle ou de luzerne qu'on y rencontre y vient à merveille; les prés assez nombreux y sont soignés et couverts d'excellente herbe; on en arrose beaucoup, et cela d'une manière bien entendue. J'ai trouvé un homme intelligent qui m'a expliqué les usages du pays : les habitants possèdent, suivant leurs moyens, des troupeaux plus ou moins considérables; il faut avoir au moins cinquante brebis, les agnelles et antenoises qui en proviennent pour occuper un berger. On vend tous les agneaux mâles à l'âge de trois semaines, à raison de 3 fr. par tête, pour être tués; une bonne brebis vaut de 20 à 25 fr.; elles sont d'une grande espèce, à longues oreilles tombantes, ayant une grosse laine très-longue; leur principal mérite est de donner du lait pendant environ quatre mois après qu'on a vendu l'agneau; avec ce lait on fabrique du beurre et du fromage. Une brebis rend de 15 à 20 livres de fromage gras, qui vaut de 50 à 60 c. la livre. Ces troupeaux vont paître, pendant la belle saison, sur les hautes montagnes, et redescendent ensuite sur les pâturages moins élevés, qui ont été réservés pour le mauvais temps; et puis ils vont dans 14,000 hectares de bruyères communales, de l'autre côté de Pau. On paye, par tête de bête à laine, 20 c., et, par bête à cornes, 2 fr. pour le droit de pâture; ce revenu appartient ordinairement aux communes.

Les habitants construisent des granges sur les flancs des montagnes accessibles, pour y nourrir, pendant une partie de l'année, leurs bêtes à cornes ; ils ont, autour de ces bâtiments, des prés en pente qui donnent peu d'herbe, mais d'une bonne qualité. Ils vivent dans des villages qui sont ordinairement placés dans le fond des vallées, mais quelquefois aussi sur les pentes les moins rapides des montagnes.

On profite maintenant du beau temps, qui est venu après une longue série de pluies, pour rentrer les foins. Comme il est fort court, on le lie dans de grands draps que les femmes descendent des montagnes. On prétend qu'elles en portent ainsi des charges de 100 à 150 livres, cela en marchant pieds nus, afin de ne pas glisser. Elles sont généralement grandes, très-fortes, assez bien de figure, mais mal vêtues, et ayant des pieds énormes.

J'ai trouvé, dans mon hôtel, un propriétaire des environs d'Hyères, en Provence, qui est né à Meaux. Il possède un domaine de 1,500 hectares, non loin des salines qui existent aux alentours de cette ville. On ne cultive, sur cette grande étendue, qu'à peu près 150 hectares qui sont partagés de la manière suivante : il y a d'abord une bande de terrain large d'environ 5 mètres, qui sert à des cultures diverses ; vient ensuite une planche plantée d'une ou deux rangées de vignes ; après cela une bande de 5 mètres en culture, puis une rangée d'oliviers espacés à 10 mètres de distance les uns des autres ; à côté une bande de 5 mètres en culture, après une planche de vignes, et ainsi de suite. L'assolement des terres très-fortes est alternativement jachère et froment, et ainsi de suite. On n'a que des bœufs pour le labour, pas de vaches ni d'élèves. Le peu de fumier qu'on fait est employé aux pieds des oliviers ; on fume les froments avec 500 kilog. de tourteaux, qu'on paye 75 fr. La partie non défrichée est couverte d'énormes bruyères, ayant jusqu'à 15 pieds de haut ; on en brûle, tous les ans, une dizaine d'hectares, afin de faire du pâturage pour les moutons qui reviennent de la montagne en hiver. Cette destruction des bruyères est encore nécessaire pour venir au secours des chênes-liége, qui, sans cela, seraient étouffés.

Les vignes ne sont fumées que par ce que le vent leur apporte de poussière de tourteaux. On compte que chaque pied de vigne doit rapporter 1 litre de vin; quelquefois il en donne jusqu'à 2. L'hectare contient 2,500 pieds de vigne, lorsqu'elle se trouve plantée sur un et deux rangs alternativement, ce qui produit donc, année commune, 25 hectolitres de vin qui se vend de 8 à 9 fr. l'hectolitre. On prétend, dans le pays, que le froment qui se vend 24 fr. l'hectolitre, et qui ne donne, en moyenne, que de 11 à 12 hectolitres, ne fait que payer ses frais de culture. Si on triplait la dose de tourteaux, on récolterait de 30 à 36 hectolitres de froment.

M. Marquis, lieutenant-colonel en retraite, propriétaire, demeurant près d'Orthez, m'a dit avoir un beau-fils qui fabrique de l'huile de graine de lin; le pays lui en fournit suffisamment. Il paye la graine cette année 18 fr. l'hectolitre; il vend le millier de kilogr. de tourteaux 50 fr. La plus grande partie de ces tourteaux sont expédiés en Angleterre.

Il existe des carrières de marbre blanc et gris près des Eaux-Bonnes, mais on y occupe très-peu d'ouvriers. Il n'y a pas de scieries de marbre ni de scieries à planches; cependant on voit une quantité de beaux arbres se pourrir dans les montagnes et même à portée des grandes routes.

Les terres, sur les montagnes qui environnent les Eaux-Bonnes, sont généralement d'une excellente qualité; aussi les prés y sont-ils parfaits pour la qualité du foin, quoique très-peu productifs, et les pâturages garnis d'excellentes herbes. On ne comprend pas qu'avec cela les brebis soient si maigres; elles n'ont que la peau et de gros os. Si cela vient de ce qu'on les trait, on pourrait en conclure que l'espèce ovine n'est pas faite pour donner du lait, car les vaches laitières, qui sont dans les mêmes pâturages, sont cependant en fort bon état. Je suis persuadé que les southdowns et surtout les cheviots réussiraient parfaitement dans ces pays, au lieu de ces mauvaises brebis dont on ne vend les agneaux mâles, à l'âge de trois semaines, que 3 fr. pour être tués, qui ne fournissent que pour 2 fr. ou 2 fr. 50 c. de laine, et qui, à l'âge de 5 ou 6 ans, ne sont vendues elles-mêmes que 5 ou 6 fr. pour être abattues à la boucherie.

M. Bertrand Geoffroy, anciennement propriétaire dans le département des Ardennes, étant venu, il y a vingt ans, dans les Pyrénées pour rétablir sa santé, a trouvé que le pays offrait tant de ressources, qu'il s'est décidé, un an après son séjour, à acheter une propriété à 1 lieue de Dax. Elle est d'une contenance de 900 hectares, et a l'avantage d'être à une demi-lieue de l'Adour, rivière navigable. Il a payé cette terre, sur laquelle il y a beaucoup de bois et du bon minerai de fer, ainsi que de la pierre à chaux et de la marne, 200,000 fr. Il l'a depuis augmentée et portée à 1,500 hectares; il y a construit des forges considérables, pour lesquelles il fait venir, chaque année, de sept à huit bâtiments chargés de charbon de terre de Newcastle; ce charbon lui revient, rendu chez lui, par bateau, à 3 fr. l'hectolitre; le fret, entre Newcastle et Bayonne, est de 16 fr. les 1,000 kilog. La tourbe est commune dans le pays; il en faut le double en poids pour remplacer le charbon.

Il possède quatre troupeaux de métis mérinos; d'après ce que je lui ai dit des cheviots, il est décidé d'en faire venir une demi-douzaine de béliers et quelques brebis, à bord de ses bâtiments de charbon; il se propose, d'après mon conseil, d'essayer le nitrate de soude et le noir animal.

Il m'a dit qu'on pourrait acheter, dans les environs, 4 à 500 hectares de très-bonne qualité, ayant du calcaire, de très-beaux bois de chênes, à peu près 150 hectares de terres cultivées en petites métairies, un très-joli château, une petite rivière qu'on rendrait facilement navigable et qui se jette dans l'Adour, pour environ 120,000 fr.; il pense qu'on peut ainsi placer son argent à 5 pour 100.

Les bois de pins se vendent 200 fr. l'hectare et les bonnes landes 50 fr.; quant aux terres en culture, elles valent de 1,000 à 1,200 fr.; cela prouve assez qu'on ne sait pas comment s'y prendre pour fournir du fumier aux grands défrichements, et qu'alors on ne peut en faire que de petits, et explique la différence qui existe entre le prix des terres et celui des landes. On ne connaît pas, dans ce pays, le noir animal ni les autres engrais qu'on pourrait faire venir de loin à cause de la petite quantité qu'il en faut.

Les champs de maïs de la vallée de Laruns, près les Eaux-Bonnes, sont magnifiques; cette excellente plante y a plus de 6 pieds de hauteur.

On a commencé la moisson des orges le 2 août, aux Eaux-Bonnes; les froments les suivront de près. On fauche les orges comme du foin; des femmes suivent les faucheurs pour séparer les andains, afin que l'orge puisse sécher. Cette céréale est fort belle, mais versée en partie et pleine d'herbes.

Les grandes brebis de la vallée d'Ossau ne pèsent que de 15 à 16 kilog.; une bonne vache de l'endroit se vend maintenant 200 fr.

J'ai quitté les Eaux-Bonnes pour me rendre par la montagne à Baréges. Les vallées d'Arins et d'Argelez sont tout ce qu'on peut voir de plus beau; on y remarque des chênes, frênes, noyers, châtaigniers et cerisiers magnifiques; des vignes en hautains, des prés irrigués, de belles vaches, de très-vilains moutons, beaucoup de lin, des sarrasins superbes, de vilains grains versés et pleins d'herbe dans la partie élevée de la vallée, des champs très-escarpés, des pâturages ou prés excellents. Le sainfoin y vient naturellement; ils sont pleins de légumineuses. Combien les brebis cheviots ou southdowns feraient bien dans ces excellents pâturages! J'y ai vu de jolis chevaux; on aurait, dans ce pays, une jolie bête de selle, non dressée, pour 250 à 300 fr.

J'ai rencontré, en revenant de Gavarnie, une trentaine de troupeaux considérables, de grands vilains moutons cornus et à grosse laine, qui descendaient de la montagne pour retourner dans les environs de Tarbes, car ils se trouvaient fortement atteints de la cocotte, et l'on en avait déjà perdu un assez grand nombre.

La course de Gavarnie est des plus intéressantes; les bords du Gave et les cahots m'ont surtout frappé.

A Tarbes, non loin de la ville, les terres se vendent de 2,000 à 3,000 fr. l'hectare, les prés de 4,000 à 5,000 fr.; le tout peut être irrigué. En s'éloignant de la ville, cela ne vaut plus que moitié; on ne place là qu'à 3 pour 100. On voit de superbes millets, sarrasins, navets, le tout en deuxième récolte. On bat les grains au soleil, dans les cours ou dans les rues ou places publiques de la ville; on voit jusqu'à douze personnes, hommes, femmes, enfants, battant en mesure avec des fléaux presque aussi longs que les manches auxquels ils sont attachés. Dans quelques parties de ce pays on se sert, au lieu de fléaux, de longues perches; les batteurs, placés sur deux rangs, frappent un rang après l'autre en appliquant les perches dans toute leur longueur sur l'aire : c'est une manière de battre tout à fait primitive.

Un hectare de maïs produit communément, m'a-t-on dit, de 30 à 40 hectolitres; on le plante d'habitude à 27 pouces en tous sens; on laisse deux tiges sur le même pied, et l'on y ajoute des haricots qui grimpent après et qui donnent encore de 8 à 10 hectolitres.

L'assolement est maïs, froment, farouch et millet ou sarrasin en récolte dérobée, et puis l'on remet du maïs après le farouch.

On fauche les prés arrosés trois fois, les irrigations se font ici par infiltrations; on met des composts de fumier de terre et de plâtras sur les champs de farouch ou trèfle incarnat.

Le dépôt du haras se compose de quatre-vingt-dix étalons, parmi lesquels il s'en trouve un assez grand nombre de pur sang anglais ou arabe; mais il y en a beaucoup qui sont boîteux, cela paraît provenir du manque d'exercice, car on ne les promène que pendant trois quarts d'heure lorsqu'il fait beau.

En sortant de Bagnères-de-Bigorre pour se rendre à Luchon, on traverse un plateau fort élevé, sur lequel j'ai vu de nombreux champs de trèfle qui étaient de toute beauté. La vallée qu'on suit de Montrejeau à Luchon est des plus belles et très-bien cultivée. Près Lannemezan il y a d'immenses bruyères qui se trouvent placées en vue de la chaîne des Pyrénées; ce pays offrirait de grandes ressources à des cultivateurs qui voudraient augmenter leur fortune.

De Luchon je me rendis au lac d'Eau, où l'on voit une magnifique cascade; c'est la plus belle que j'aie encore rencontrée soit dans les Pyrénées, soit dans les montagnes d'Écosse, ou même dans les Alpes. Je traversai, pour m'y rendre, des vallées fort élevées et cependant fort bien cultivées; elles sont couvertes de récoltes magnifiques, entre autres de chanvre, lin, luzerne, avoine et sarrasin : on y fait beaucoup de feuillards de frêne, qui vient admirablement dans ces montagnes.

On trouve partout, dans le Midi, de superbes canards de Barbarie, et, dans les environs de Toulouse, des oies de la plus grande taille connue. Les nombreux saules qui bordent les champs, dans les environs de Toulouse, ont une maladie aux branches que je suppose provenir de la piqûre d'un insecte.

Le pays que j'ai traversé, depuis Montrejeau jusqu'auprès de Toulouse, m'a paru être peu fertile; celui qu'on suit pour se rendre à Carcassonne, au contraire, est, en général, très-riche et paraît fort bien cultivé.

Près de Limoux, j'ai vu une grande quantité de troupeaux qui se rendaient à une foire renommée; c'étaient en grande partie des métis mérinos, qui n'étaient pas beaux.

Non loin de Perpignan, aux alentours de Saint-Paul, on remarque quantité de très-beaux oliviers; on traverse, depuis Limoux jusqu'à Perpignan, des montagnes calcaires qui sont affreuses, désolées et arides : il y fait habituellement un vent froid et violent, même au cœur de l'été. La plaine que j'ai parcourue en m'approchant de Perpignan est maigre et stérile; la route est peu praticable et s'étend au milieu de vignes en partie grillées par les ardeurs du soleil et coupées par quelques bois d'oliviers. Ce pays ne donne que de médiocres récoltes de grains d'hiver, à moins qu'on ne puisse arroser les terres; alors tout change : vous passez d'un désert dans le paradis des cultivateurs. Les plus belles récoltes en tout genre couvrent les bords d'une rivière desséchée, dont les eaux viennent du Canigou, une des montagnes les plus élevées de la chaîne des Pyrénées. Les cultivateurs emploient ses eaux à l'arrosage des terres et obtiennent les plus beaux froments, après lesquels viennent des haricots blancs qui donnent jusqu'à 25 hectolitres par hectare en seconde récolte. Le journal, qui est de 36 ares, se vend de 3,000 à 4,000 fr. et se loue de 100 à 150 fr. Les luzernes se fauchent cinq fois, et la cinquième coupe est aussi belle que la première. On sème le trèfle incarnat dans le courant de juillet et d'août avec des lupins, que les moutons mangent soit en vert, soit en grains.

On sème le trèfle incarnat en bourre, ensuite on passe l'araire qui a un soc effilé comme une lame de couteau; mais la terre est alors si sèche qu'il peut à peine l'effleurer comme le ferait une dent de herse; il forme donc une ligne à 8 pouces de l'autre afin de couvrir la semence, ensuite on amène l'eau dans le champ sans avoir employé la herse.

On m'a dit qu'on cultivait dans les montagnes, un sainfoin dont la fleur est rouge : ce doit être celui que j'ai vu à Malte, qui est, je crois, le sulla ou sainfoin d'Espagne ; il n'a pas besoin d'être arrosé et produit beaucoup. On voit, dans ce pays, des haies de grenadiers, d'aloès et d'arbustes épineux que je ne connais pas.

Les orangers viennent en pleine terre. Si l'on arrose les oliviers, cela augmente beaucoup leur produit, mais alors on est obligé de continuer l'arrosement les années suivantes, sans quoi ils périraient ; de même, en les fumant tous les ans, on assure qu'ils rapportent chaque année.

On laboure avec des bœufs ou des mulets; les uns et les autres sont attelés à une araire qui fait un assez bon labour; l'age est prolongé jusqu'au joug qui sert à atteler les bêtes qui tirent, bœufs ou mulets également par le cou. Les bœufs n'ont qu'une branche courbée qui entoure le cou et va passer dans le joug; cela seulement pour la charrue, car ils ont un joug à courroies pour le charroi; on leur pose un collier de fer armé de crochets presque aussi longs que le petit doigt ; sur le front, à la racine des cornes, on attache un cordeau à l'extrémité extérieure de ce collier qui sert à les guider comme des chevaux. Quant aux mulets, ils n'ont pas de brides ni de guides : on les dirige à la parole ; leur joug est percé, pour chaque mulet, par deux bois qui viennent s'appliquer sur le devant du collier; ils n'ont donc pas de traits. On les attelle de la même manière aux charrettes, ce qui a l'air de leur ôter une grande partie de leur force. Deux bœufs suffisent, avec cette araire (qui est à peu près la même dans tout le Midi), pour labourer les terres fortes à une assez grande profondeur.

Les terres arrosées donnent d'immenses récoltes, mais exigent une grande quantité de fumier; aussi est-il très-cher dans les environs de Perpignan. 1,000 kilog. de fumier se vendent 20 fr. Les prés que j'ai vus n'avaient pas bonne mine, quoiqu'ils fussent arrosés, et ils ne sont pas si bien soignés que du côté de Pau.

On voit beaucoup de champs de pommes de terre dans le Roussillon ; elles ont remplacé, dans la nourriture du peuple, le millet qui y entrait pour beaucoup anciennement. Il existe aussi des champs d'oignons très-beaux.

M. Durand, banquier à Perpignan, qu'on dit être très-intelligent et fort riche, a fait creuser sept puits artésiens, dont un se trouve dans son jardin, le second sur une place publique de son village, et les autres servent à arroser des terres qui étaient au-dessus du niveau de la rivière. Chacun de ces puits lui a coûté 6,000 francs ; ils ont une profondeur de 230 pieds, et les deux meilleurs, m'a-t-on assuré, pouvaient arroser 60 hectares de terre. L'un des deux avait servi à transformer une mauvaise terre en un bon pré; l'autre jaillissait d'un champ caillouteux au milieu d'oliviers qu'il arrosait, et puis se rendait à volonté dans un champ rempli de fort belles récoltes sarclées, qui étaient cultivées avec beaucoup de soin. Malheureusement ni M. Durand, ni son homme d'affaires n'étaient à la maison. Il y a là un beau troupeau mérinos d'environ mille têtes, mais je ne l'ai pas vu. M. Durand a planté de grandes bordures de mûriers en hautes tiges, qui m'ont paru supérieurement conduits.

La bergerie royale se compose de deux fermes, chacune d'environ 100 hectares, dont une appartient au gouvernement, et l'autre est louée; celle-ci est à 3 lieues de la première qui est elle-même à 2 lieues de Perpignan. Celle qu'on loue est dans de bonnes terres, qui font partie du pays qu'on nomme Salanque; on en paye 3,000 fr. par an ; l'autre m'a paru se composer de terres fort élevées, pierreuses et arides. On ne peut y obtenir que du froment, qui encore vient à manquer souvent ; on sème ensuite de l'orge d'hiver qui sert de pâturage en hiver et au printemps, avant l'époque des sécheresses. 15 hectares de cette ferme sont situés dans une vallée où la luzerne vient bien ; on y cultive 1 hectare en betteraves. Le troupeau, qui se compose à peu près de 600 bêtes, en perd habituellement une centaine du sang-de-rate. Cette maladie n'a commencé à être connue dans ce pays qu'il y a environ vingt ans; elle cesse aussitôt que le troupeau arrive dans les montagnes, près de Mont-Louis, à 25 lieues de Perpignan, mais elle reprend lors de son retour. J'ai parlé des racines comme préservatif; on m'a dit qu'on en donnait, mais la ration ne peut être forte, car on n'en cultive que 1 hectare. On se sert, dans cette ferme, de la charrue du pays ; on vend les béliers de 100 à 150 fr. : le troupeau a été croisé avec des béliers de Naz. Le poids moyen d'une toison est de 4 kilog.

On voit de nombreuses plantations d'oliviers dans les environs de Perpignan ; ces arbres y viennent très-bien. Les promenades de la ville longent une petite rivière : elles sont fort belles et bordées principalement de magnifiques platanes ; c'est l'arbre par excellence des terres fraîches du Midi.

Il y a d'immenses jardins maraîchers à la porte de la ville ; ils m'ont paru être fort bien cultivés et contenir une grande quantité d'arbres fruitiers.

Je pense que la bergerie royale est fort mal placée à Perpignan : d'abord le troupeau n'y fait pas bien, puisqu'il perd de 10 à 15 pour 100 par an ; ensuite les béliers s'y vendent fort mal. Cette vente décourage les propriétaires des beaux troupeaux de mérinos, qui sont très-nombreux dans ce pays, et leur fait une concurrence ruineuse.

La ferme que possède le gouvernement ne convient nullement à l'entretien d'un beau troupeau. Il vaudrait beaucoup mieux s'en défaire et en racheter une dans les environs de Pau, où l'on doit vendre d'immenses et excellentes bruyères. On y établirait une ferme modèle tant pour les bâtiments que pour la culture; on y placerait un troupeau cheviot, qui, en été, irait dans les excellents pâturages des Hautes-Pyrénées, et fournirait de nombreux béliers pour croiser les immenses troupeaux de mauvaises bêtes à laine, qui vivent dans ce pays en été et dans les landes en hiver. Ce croisement améliorerait la laine et surtout la viande, dont il doublerait presque la quantité tout en augmentant beaucoup la qualité, et cela avec la même nourriture. Quel grand service à rendre à la France !

Les bruyères qui, m'a-t-on dit, doivent être vendues font partie de 40,000 hectares d'un excellent fond; elles se trouvent à 2 lieues de Pau et appartiennent aux communes situées dans la vallée d'Ossau : elles seront partagées entre les différentes communes de cette vallée, qui pourront en vendre une partie. Il est probable qu'on ne payera l'hectare que de 50 à 100 fr. Le fond est excellent, et le climat chaud et humide, c'est-à-dire très-favorable.

Du haut de la citadelle de Perpignan, on jouit d'une vue admirable qui s'étend sur la Méditerranée, sur les Pyrénées, et enfin sur cette belle campagne arrosée, qui devrait bien être étudiée et décrite par un de nos habiles agriculteurs. Je regretterai toujours de n'avoir employé les six journées que j'ai mises à aller à Barcelone et à en revenir, à visiter en détail cette magnifique vallée qui se déroule de Perpignan jusqu'à la mer et au pied du Canigou. Je serais revenu plus instruit en agriculture, et je n'aurais pas perdu grand'chose en renonçant à mon excursion en Espagne, où je suis allé dans un mauvais moment. Au point de vue de la science agronomique, il faut visiter ce pays de bonne heure, au printemps, avant que la moisson ne soit faite.

Nous partîmes à 3 heures du matin de Perpignan pour Figuières, où nous changeâmes de diligence, la voiture française n'allant pas plus loin. Les diligences espagnoles sont de mauvaises copies des nôtres; il n'y a pas de banquette sur l'impériale. Le conducteur et le postillon se placent sur un banc qui se trouve à la hauteur du coupé, et tout le long de la route ils ne cessent de crier après leur attelage, qui se compose de huit à neuf chevaux, de sorte que les voyageurs du coupé en sont fatigués et abasourdis. Outre ces deux hommes, un jeune garçon monte encore sur les deux chevaux de devant pour les conduire; mais, comme cela le fatigue bientôt, il se place, pendant une bonne partie du relais, sur le marchepied de la rotonde, laissant ainsi les chevaux de devant, qui sont sans guides, abandonnés à leur instinct. De temps en temps l'aide-conducteur ou bien le petit postillon descendent pour activer les chevaux, en courant après eux et en leur distribuant force coups de fouet ou de bâton, mais on n'en va pas plus vite, car les routes sont détestables; elles sont remplies de trous que l'on comble avec de la terre, et la poussière qui en résulte vous aveugle et vous suffoque.

Le premier jour nous allâmes coucher à Gironne, assez grande ville fort laide. Les hôteliers ont l'air de vous accueillir à regret et vous donnent une mauvaise nourriture et un affreux logement, tout en vous faisant payer aussi cher que leurs confrères français. Pendant une partie de la nuit nous eûmes une musique assez agréable pour nous consoler de notre insomnie causée d'abord par la piqûre des cousins et autres insectes, et ensuite par les cris des gardes de nuit, qu'ils répètent tous les quarts d'heure et les heures, ce qui est insupportable à ceux qui n'y sont pas accoutumés.

Nous partîmes à 1 heure du matin, escortés, comme la veille, de deux lanciers montés sur des chevaux entiers, et après avoir rencontré, de distance en distance, des patrouilles ou des bivouacs de soldats de ligne, placés sur les routes pour en assurer la tranquillité, nous arrivâmes vers 4 heures à Barcelone. On nous fit passer près de la citadelle, longer une grande promenade et traverser une superbe place ; enfin nous descendîmes sur un boulevard à peu près semblable à ceux de Paris. Le port est fort beau et contenait, lorsque nous sommes arrivés, environ deux cents navires, parmi lesquels j'ai remarqué une corvette et deux gardes-côtes espagnols, trois petits bâtiments de guerre français et quatre bateaux à vapeur.

La garnison est assez nombreuse; les soldats sont passablement vêtus, mais sales et mal tenus; les officiers encore moins bien, si c'est possible : l'artillerie est attelée de mules.

Les rues sont, à peu d'exceptions près, horribles, très-étroites, mais très-animées; les magasins affreux, excepté ceux tenus par des Français, logés principalement sur les boulevards. Il n'y a pas de marchands anglais; mais, en revanche, beaucoup d'ouvriers de cette nation sont employés dans les nombreuses manufactures de cette ville, qu'on m'a dit être la plus industrieuse de l'Espagne.

On ne trouve même pas un établissement de bains de mer sur cette belle Méditerranée. Les femmes m'ont paru jolies et très-blanches, malgré l'habitude qu'elles ont d'aller au soleil sans chapeaux ni ombrelles; l'éventail est leur seule ressource : elles sont coiffées en cheveux et portent des manches courtes.

J'ai visité les principales églises, qui sont fort laides tant en dedans qu'en dehors; j'y ai vu des dorures et des marbres à profusion, mais elles sont de mauvais goût, et les orgues très-petites; j'ai assisté à une grand'messe, l'orgue ne jouait pas.

On m'avait dit que l'hôtel des Quatre-Nations était passable, mais il n'y avait plus de place, et je fus obligé de me réfugier à l'hôtel du Faucon, où je fus très-mal. Les aubergistes de cette ville sont presque tous Piémontais.

Des Français, fixés dans cette ville depuis huit ans, m'ont appris que les hivers avaient été, depuis quatre ans, bien plus rigoureux que les premières années de leur séjour. Un d'eux m'a dit que les légumes qui remplissent les jardins et les marchés sont d'une mauvaise qualité, car ils ne viennent qu'à force d'être arrosés. J'ai vu beaucoup de pastèques et de melons à chair verte, mais pas un seul cantaloup. On n'aperçoit guère de fleurs dans les jardins, excepté d'énormes lauriers-roses; les pêches ne sont pas bonnes. Les potagers des environs n'existent qu'à l'aide de norias, qu'un mulet fait tourner ; ceux que j'ai examinés de près donnent plus de 1 pouce cube d'eau : les câbles sont faits en paille; les vases en terre cuite ressemblent à des gourdes dont le fond se trouve percé d'un petit trou, afin, je pense, de laisser échapper l'air lorsqu'ils se remplissent en plongeant.

Les blanchisseuses lavent et savonnent dans les réservoirs remplis par les norias, et cette eau savonneuse sert ensuite à l'arrosement des jardins. On fait aussi rouir les chanvres dans ces réservoirs; l'eau qui a servi au rouissage fertilise beaucoup la terre. Les chanvres sont magnifiques; on en voit de 10 à 15 pieds de haut. On les coupe ras de terre, mâle et femelle en même temps, et dans un état de maturité tellement avancé, qu'ils sont tout à fait jaunes et comme brûlés par le soleil; cette méthode me semble extraordinaire. On cultive les haricots fort en grand, mais ils étaient peu avancés lors de mon passage : beaucoup ne sortaient que de terre. J'ai vu des champs de maïs récoltés et d'autres fort jeunes; des millets de 5 pieds, une quantité considérable de poivres longs de 2 pieds d'élévation, et dont le fruit est gros comme le poing; beaucoup d'aubergines et de tomates, que les Espagnols mangent crues avec de l'ail; des oignons énormes, rouges et blancs; du céleri, quelques panais, point de carottes ni de betteraves et peu de choux. On m'a dit qu'un noria placé sur un puits assez abondant pour qu'un mulet puisse toujours marcher sans le tarir pourrait arroser 6 à 7 hectares. Toutefois on ménage l'eau bien davantage qu'à Perpignan, car on entoure les planches des jardins d'une petite digue ou rebord formé en terre, puis on y met l'eau. On agit de cette façon pour toutes les plantes, même pour les luzernes; celles-ci ne durent que cinq à six ans, mais elles sont magnifiques et couvrent également tout le champ, sans présenter des taches annonçant moins de fertilité ou de vigueur sur certains points.

J'ai vu sur ma route une grande quantité de bonnes terres incultes ; celles qu'on cultive ne peuvent produire que des grains d'hiver, à moins d'être arrosées, ou bien des vignes, des oliviers, des chênes-liége, des pins ou autres arbres forestiers.

J'ai appris, d'un Espagnol qui possède des propriétés en Espagne et en France, que le chêne-liége ne se transplante pas et qu'il faut planter le gland sur place. Si les jeunes arbres se trouvent dans un terrain cultivé et qui leur convienne, on peut commencer à enlever le liége à vingt-cinq ans, époque à laquelle il donne à peu près un revenu de 1 fr. par an et par pied. On recueille le liége tous les sept ou huit ans; l'arbre en veillissant donne un plus grand produit, qui peut s'élever annuellement à 10 et même 15 fr. Les arbres qui ne sont point cultivés ne fournissent de l'écorce qu'à l'âge de cinquante ans au plus tôt. Le liége vaut maintenant 26 fr. les 50 kilog.

Les terres arrosées sont très-rares sur la route de Perpignan à Barcelone; on dit qu'il y en a bien davantage sur celle de Barcelone à Valence. Les glands des chênes-liége sont doux et se mangent.

Ce propriétaire espagnol se plaignait de la peine qu'on éprouve dans son pays à se défaire des produits de la terre. Il me disait qu'il faisait arracher des vignes pour planter des noisetiers. Les nations du Nord, et surtout les Anglais, viennent acheter des noisettes en Espagne, et il ajoutait qu'on n'y est jamais embarrassé de cette production.

En retournant à Toulouse et passant près de Limoux, je vis une jolie vallée dans laquelle on cultive beaucoup d'arbres fruitiers. Sur la route de Toulouse à Montauban, la campagne est moins riche et moins belle; la culture y est aussi moins bonne. Dans le Guercy, la culture est soignée, mais les terres n'ayant pas de fond y sont fort mauvaises; on y voit une quantité considérable de vignes. Dans le fond des vallons, les terres, quoique n'étant pas très-bonnes, valent jusqu'à 4,000 fr. l'hectare. En entrant dans le Limousin, on trouve des prés parfaitement entretenus, même sur des coteaux très-rapides et en terrain sablonneux. Les terres sont mauvaises, mais assez bien cultivées jusqu'auprès de Limoges; mais, quand on se rapproche du Berry, la culture devient plus négligée. A Limoges, on m'a dit que MM. de la Bastide et Alluau cultivaient fort bien; j'ai fort regretté de ne pouvoir aller les voir. Non loin de cette ville, j'ai rencontré plusieurs petits troupeaux de jeunes bouvillons qui étaient très-beaux; les moutons, au contraire, sont chétifs.

J'avais oublié de dire que du côté de Montauban on cultive beaucoup de maïs pour fourrage et en lignes séparées de 2 pieds; les plantes sont espacées dans la ligne d'environ 5 à 6 pouces, ce que je n'avais pas encore vu, car, en général, on sème le maïs-fourrage à la volée, mais il ne vient pas si bien lorsqu'il est trop épais.

Le vin de Cahors a de la réputation; aussi le pays est-il couvert de vignes. Brives est une fort jolie ville, située dans une vallée charmante; Tulle est aussi dans une riante vallée, très-étroite, baignée par une jolie rivière qui en fait l'ornement : de beaux prés, des bois touffus, enfin la manufacture royale d'armes qui est peu éloignée de la ville, servent aussi à embellir le paysage. Dans les vallées du Guercy on cultive du tabac. La vallée dans laquelle se trouve Limoges est fort belle.

Peu de temps avant de rentrer dans le Berry, j'aperçus une charrue américaine; c'était la première charrue perfectionnée que j'eusse vue depuis mon passage à Bordeaux.

Les environs d'Argenton offrent un beau coup d'œil ; on y cultive beaucoup de vignes et quelques luzernes.

Sur la route de Châteauroux à Châtillon-sur-Indre, j'ai vu aussi de fort beaux champs de trèfles et de luzernes.

Je me suis rendu de Châteauroux à l'île Savary. Le château est très-beau et fort ancien; il appartient à M. le comte de

Jouffroy, qui a fait construire une fort belle manufacture de sucre de betterave. Le fabricant de sucre qu'il a pris pour associé est l'inventeur d'un appareil dont il trouve un assez grand débit; il fait râper la betterave, puis la fait macérer par la vapeur. J'ai vu environ 50 hectares de betteraves bien cultivées; mais elles se trouvent dans des terres trop calcaires pour pouvoir, sous un climat aussi sec, donner un grand produit.

M. de Jouffroy a encore quelques laboureurs belges, et se sert toujours de la charrue belge des polders, qui a un versoir en bois ; elle est fort grande, mais fonctionne fort bien. Il m'a dit qu'ayant fait mettre, il y a quelques années, à cette charrue un age qui se prolonge jusqu'au joug, semblable à celui de l'araire du pays, il s'était aperçu que les bœufs se fatiguaient bien moins; depuis ce temps, toutes ses charrues à bœufs sont arrangées ainsi, et deux bœufs labourent fort aisément dans les terres fortes. J'ai vu chez lui de fort jolies vaches suisses et un troupeau croisé dishley-mérinos.

En le quittant, je suis allé chez M. Lavaux, qui cultive une ferme de 230 hectares, faisant partie de la belle et bonne terre d'Argis. Cette propriété se compose de 1,700 hectares de terres et prés et de 300 hectares de très-beaux bois ; elle renferme plusieurs moulins, un château ancien, mais qui est fort beau et tout en pierres de taille. Cette magnifique terre a été payée, en 1823, 630,000 fr., et vaut maintenant 1,500,000 fr., quoiqu'on y ait coupé beaucoup de futaies; on y a fait beaucoup de nouvelles plantations.

La ferme de M. Lavaux est une des mieux cultivées que je connaisse. Il a engraissé, l'année dernière, malgré la disette de fourrages, 68 gros bœufs ; il en engraissera davantage cette année, et il espère arriver tous les ans à augmenter le nombre de ses bêtes à l'engrais. Il a 1,500 bêtes à laine, dont il engraisse chaque année 300 têtes; il a une vingtaine de bons chevaux, et compte ajouter à tout cela l'engraissement de bon nombre de cochons. Il n'a que 2 vaches à lait qui sont nourries comme les bœufs à l'engrais, qui reçoivent 25 kilog.

de pommes de terre cuites, 2 kilog. 1/2 de foin coupé, 2 kilog. de tourteaux, 2 kilog. 1/2 d'avoine et 7 kilog. 1/2 de résidus de brasserie. Ces résidus viennent de Châteauroux, distant de 7 lieues, et lui coûtent 1 fr. 25 c. l'hectolitre pris sur place. Ses bœufs, qu'il achète déjà en fort bon état, restent chez lui pendant environ cent jours; ils dépensent journellement, l'un dans l'autre, 1 fr. 25 c., et gagnent d'ordinaire 1 livre 1/2 de viande et 1/2 livre de suif par jour.

Il expédie ses bœufs à Paris, c'est-à-dire à 70 lieues; les frais de voyage et de vente se montent à 15 fr. par tête. Il m'a dit avoir eu un joli bénéfice cet hiver, mais il ne compte habituellement que sur le fumier comme bénéfice net.

M. Lavaux se sert de ses bœufs les plus nouvellement mis à l'engrais pour faire une attelée par jour toutes les fois que l'ouvrage presse; comme il a toujours une soixantaine de bœufs à l'étable, il peut ainsi augmenter facilement le nombre de ses charrues, ce qui est un avantage immense en culture. Une forte partie de la ferme qu'il régit était en bruyères lorsqu'il l'a prise, il y a huit ans; il les a pour la plupart écobuées, et puis elles ont été marnées à raison de 90 tombereaux à trois chevaux par hectare. Il m'a montré plusieurs coins de champs qu'il a laissés sans marne; ils ne donneront pas seulement la semence en avoine, tandis que le reste était couvert des plus belles avoines qu'on puisse désirer. Il m'a fait voir aussi un champ de pommes de terre, qui était très-beau sans avoir été fumé, mais qui avait été bien marné; enfin il m'a fait remarquer un champ considérable dont une partie était en jachère et le reste couvert d'un superbe trèfle qu'on fauchait pour la deuxième fois : il y a cinq ans, il était en bruyères; on l'avait marné, mais la partie en jachère ne l'avait pas été ; on avait semé partout du trèfle qui était bien venu la première année, mais celui de la partie non marnée avait disparu dans l'hiver, après la semaille.

Son assolement sera : 1re année, récoltes sarclées; 2e, avoine; 3e, vesces; 4e, colza; 5e, froment; 6e, maïs-fourrage; 7e, froment. Il a très-bien rentré ses foins et ses trèfles; sa seconde coupe s'engrangeait pendant que j'y étais, et elle était fort belle. Très-peu de temps après l'avoir fauché, il met le trèfle en petits meulons; de cette manière il ne souffre pas beaucoup de la pluie et ne risque pas de perdre ses feuilles.

Il a, cette année, 40 hectares en froment, 40 en avoine, 10 en orge, 25 en pommes de terre, 50 en trèfle, 13 en sainfoin; il ne compte que sur une récolte de 18 hectolitres de froment, 36 hectolitres d'avoine et 360 hectolitres de pommes de terre. Il a fumé, cette année, 25 hectares de pommes de terre, à raison de 30 tombereaux à trois chevaux, pesant 1,250 kilog., et 40 hectares de froment, à raison de 20 tombereaux. Il ne se sert que de la charrue belge-américaine, et en est on ne peut plus satisfait, ainsi que de la herse Bataille.

Ses brebis du Berry ont été croisées, jusqu'à cette heure, avec des béliers mérinos; maintenant il compte les accoupler avec des béliers newkents.

M. Lavaux donne 4 décalitres d'avoine, par jour, pour 100 agneaux, pendant trois mois, à partir du moment où ils commencent à manger; il ajoute à cette ration 2/3 de livre de drêche par tête, qu'il réduit à 1/2 livre une fois qu'ils ont atteint l'âge de trois mois. Ce qui prouve encore combien il est avantageux de très-bien nourrir les animaux, et cela surtout dans leur jeunesse, c'est ce qui vient d'arriver chez lui. Il a toujours une certaine quantité de bêtes à laine dans un coin de son étable à bœufs, qui sont là pour consommer les restes des bœufs gras, et qui s'engraissent fort bien à ce régime. Il y avait mis une cinquantaine de brebis avec leurs agneaux venus dans le mois de novembre; il se trouvait parmi elles quelques béliers dont la présence, accompagnée d'une excellente et très-abondante nourriture, leur a fait prendre le mâle, malgré qu'elles allaitassent encore; il en est résulté qu'elles ont presque toutes agnelé en mai, et, malgré cela, elles ont cependant été vendues grasses en septembre; les agneaux qui étaient toujours restés au même régime, et qui n'avaient que quatre mois, étaient plus beaux que leurs aînés venus en décembre et janvier, et qui n'avaient eu qu'une bonne nourriture ordinaire.

M. Lavaux n'a pas encore chaulé, mais il est au moment de construire un four à chaux à cette intention.

Ses jachères sont dans un état parfait de culture. Il a fait bâtir à ses frais des bâtiments d'exploitation fort considérables; son propriétaire doit les prendre pour estimation à fin de bail : il a comblé et égalisé un champ assez étendu où l'on avait tiré de la terre à briques, et l'a rendu ainsi à la culture.

Je me suis rendu d'Argis chez M. le marquis de Tillières, qui a acheté, il y a quinze ans, pour 500,000 fr., une terre de 1,500 hectares, avec un beau château orné de six tourelles. Il a depuis ajouté à cette terre 500 hectares : il a fait de grands défrichements de bruyères par écobuage, qui lui ont coûté 150 fr. par hectare, sans l'épandage des cendres. Après cette opération, il a obtenu deux belles récoltes de grains, ensuite il a fumé et suivi l'assolement triennal; mais il m'a fait voir que les récoltes d'avoine qui étaient encore sur pied étaient très-mauvaises, malgré l'année favorable, tandis que des champs attenants, qu'il avait marnés à raison de 200 tombereaux à deux chevaux, étaient couverts d'une récolte admirable. Il m'a montré une mauvaise terre sablonneuse, caillouteuse et toute blanche, dans laquelle il ne pouvait pas obtenir de récoltes passables, même en fumant très-bien; elle est aujourd'hui couverte d'une avoine haute de 5 pieds, dans laquelle se trouve un trèfle haut de 2 pieds. Il y avait à côté de très-belle orge, qu'il était obligé de faucher avec le trèfle, puisqu'il était impossible de les séparer, les deux récoltes étant de même hauteur; enfin j'ai vu des vesces et des pois-fourrage hauts de 6 pieds : tout cela était dû à l'emploi de 240 hectolitres de chaux par hectare et à une fumure ordinaire. Je lui ai dit qu'on ne pouvait rien voir de plus beau, mais que je pensais qu'en partageant la dose de chaux et de marne en deux il aurait de fort belles récoltes, qu'il couvrirait par conséquent deux fois autant de terres, qui maintenant ne rapportent presque rien en attendant l'amendement calcaire, et qu'il aurait ainsi plus de bénéfice.

Il a croisé les brebis du Berry avec des mérinos, et donne maintenant à ces métisses de première génération des béliers newkents.

M. de Tillières espère qu'après avoir chaulé ou marné ses terres il pourra les louer 60 fr. par hectare ; ce serait un prix fort élevé pour la partie du Berry la plus arriérée et la moins peuplée. Il demeure à 3 lieues d'Argenton, sur la route de Saint-Benoît.

Le fils de M. de Tillières, qui vient de prendre une partie de la terre de son père, a un régisseur qui est élève de Grignon et de Grand-Jouan.

En revenant d'Argenton à Châteauroux, j'ai été visiter la ferme que M. Muret de Bord, député de l'Indre, a créée dans d'immenses et excellentes bruyères, qui couvrent encore ce pays. Il y a construit de superbes bâtiments d'exploitation ; mais le logement du fermier n'est pas convenable pour une ferme aussi étendue, qui comprend 250 hectares en culture et autant en bois. Le tout a coûté, il y a huit ans, 80,000 fr., quoique placé à 1/4 de lieue de la grande route, à 4 lieues d'Argenton et à 3 lieues de Châteauroux. Il vient de la louer à M. Robin, vétérinaire à Châteauroux, qui cultivait très-bien, depuis plusieurs années, une propriété qu'il possède dans ces environs. Toutes les terres qui ne sont pas encore chaulées, à raison de 60 hectolitres, ou marnées, à raison de 48 tombereaux à deux chevaux par hectare, doivent l'être aux frais du propriétaire. Les bruyères ont presque toutes été écobuées ; le bail n'est que de douze ans. Le fermier est obligé de marner tous les ans 20 hectares, en commençant par les terres qui ont déjà été chaulées.

On m'a dit que cette terre avait été payée trop cher au moment de son acquisition, et que l'on pourrait maintenant en acheter une pareille au même prix, quoique les biens-fonds, depuis huit ans, aient augmenté beaucoup de valeur dans ce pays. On estime cette propriété maintenant au moins à 250,000 fr., ce qui ne serait pas cher, puisque la ferme rapporte 6,000 fr., et que les 250 hectares de bois, quoique jeunes, ont une certaine valeur.

Après l'écobuage, on sème du seigle qui rapporte en moyenne, au dire de M. Robin, 20 hectolitres par hectare; l'année suivante, on met de l'avoine qui en donne 30. La première récolte, estimée au plus bas à 10 fr. l'hectolitre, donne 200 fr., et la seconde, à 5 f. l'hectolitre, produit 150 f., et, en outre, beaucoup de paille; avec cela, non-seulement on peut faire du fumier, mais encore acheter soit du noir animal, des cendres, de la suie, de la poudrette ou du nitrate de soude. On se trouve donc de suite à la tête d'une ferme très-productive et bien faite pour faire la fortune d'un fermier, s'il est entendu et possesseur d'un capital suffisant.

M. Robin m'a fait voir des avoines admirables, de fort beaux trèfles, des orges et des pommes de terre de toute beauté. Il a une charrue tout en fer, de son invention, qui laboure très-bien, mais qui a l'inconvénient de coûter 160 fr. et d'avoir un avant-train qui s'use très-vite. Il défriche avec trois chevaux ou quatre vaches : il m'a dit ne mettre que deux vaches pour les seconds labours, mais elles ne font qu'une forte attelée par jour; celles qui travaillent ne sont pas traites, mais elles élèvent un veau pour la boucherie. Il en a huit pour le travail et autant pour le laitage; les premières sont des vaches limousines, et donnent moins de lait que les autres qui sont des vaches du pays. Il possède des moutons berrychons, et compte en hiverner 1,600, car il a un droit de pâture sur 1,400 hectares d'excellentes landes. M. Robin, qui m'a paru un homme fort capable, m'a dit que les vaches travaillent mieux que les bœufs de même race, et qu'elles supportent mieux la fatigue; il prétend, en outre, qu'elles sont plus fortes, ce qui est peu probable.

Il estime les bonnes terres de ce pays à 540 fr. l'hectare; les bois en coupe réglée au même prix, mais sans compter la futaie; les bonnes bruyères sont portées par lui à 240 fr. Il m'a dit que sa commune voulait en vendre 200 hectares, qui sont excellentes, et qu'elle les laisserait pour 40,000 fr.; il pense que ce serait une très-bonne affaire.

Je partis de chez lui pour Châteauroux, et fus coucher à la Châtre.

J'ai visité, près de la Châtre, deux étangs magnifiques, qui appartiennent au comte de Bourbon-Busset. Il les a desséchés et mis en fermes : ce sont les meilleures terres qu'on puisse voir; une partie du plus petit est sous-louée à raison de 450 fr. l'hectare, cela en petites parcelles, pour faire du chanvre. On prétend qu'il paye à lui tout seul au fermier général le loyer des deux domaines, qui est de 8,000 fr.; je pense que c'est une exagération, car je ne crois pas que la partie louée en chènevière ait 18 hectares d'étendue. Le grand étang doit bien mesurer 80 hectares, tant en excellents prés qui peuvent s'arroser qu'en terres presque toutes de première qualité. Les terres hors de l'étang qui, avant le desséchement, formaient une ferme sont très-bonnes.

M. de Bourbon-Busset vient d'acheter un domaine voisin pour 130,000 fr.; il se compose de 87 hectares de fort bonnes terres calcaires, qui toutes sont susceptibles de produire d'excellentes luzernières, de 15 hectares de bons prés arrosés et de 25 hectares de pâtureaux. Les bâtiments de ferme sont fort bien, et placés près de la route qui conduit à la Châtre, à 1 lieue 1/2 de cette ville; il y avait, en outre, un beau cheptel dont je ne connais pas la valeur. Ce domaine était loué à un fermier général pour 4,500 fr.; le comte l'a diminué de 100 écus en le réunissant à sa terre.

Le fermier général actuel, qui paye 12,000 fr. pour les trois domaines, les fait exploiter par des métayers très-arriérés en culture. Si un bon fermier, possesseur d'un capital suffisant, les louait, il pourrait en donner le double, et encore y faire d'excellentes affaires; c'est à peu près à raison de 45 fr. l'hectare.

Dans le domaine de 127 hectares, le cheptel se compose de trois cents moutons du Berry, qui y sont engraissés, d'une quarantaine de bêtes à cornes et de deux à trois poulinières avec leur suite; on y élève des bœufs de 300 à 400 fr. la pièce. Il y a dix ans qu'on cultive le grand étang, sans y mettre autre chose que du grain et sans y faire de jachère; aussi les terres y sont-elles très-sales.

Je visitai ensuite la ferme cultivée par M. Brazier; elle se compose de 400 hectares de bonnes terres, fortes et calcaires, dont 56 hectares en froment, 31 en grains de mars, 10 en pommes de terre, 2 1/2 en betteraves, 50 en prairies artificielles, et le reste en pâtureaux, prés et jachères. Il se sert de charrues Dombasle, dont il a fait hausser le versoir de quatre doigts; il les attelle de quatre bœufs ou de six vaches, le tout de race limousine, mais élevé chez lui par les vaches qui travaillent. Il met deux bêtes de moins pour les seconds labours; lorsqu'il conduit les fumiers, il en met le même nombre que pour lever les terres : ses tombereaux de fumier sont très-forts. Il croise de très-belles brebis du Berry avec des béliers dishleys; il y a quatre ans, il avait acheté deux béliers et autant de brebis à Alfort : de tout cela il ne lui reste plus qu'une brebis et un petit nombre de béliers croisés. Les terres de ce domaine, qui est à 1/2 lieue de la Châtre, se louent 36 à 40 fr.; on met deux fois de suite du froment, ensuite de l'orge; après cela vient une jachère.

M. Brazier vend des bœufs gras, qui ont été élevés dans sa ferme, de 6 à 800 fr. la paire; les brebis se vendent 20 fr. la paire.

Les plus beaux moutons donnent de 2 à 3 livres de laine, valant 1 fr. la livre. M. Brazier fait travailler ses vaches toute la journée, soit au labour, soit au charroi du fumier ou des pierres. Elles allaitent leur veau jusqu'à quatre mois, puis on les fait tarir.

De la Châtre je me rendis à Lignières, ou j'arrivai de très-bonne heure; j'en repartis de suite pour la terre de Bois-Habert, qui appartient à mon ami, M. François Durand, qui l'a achetée il y a trois ans. Elle est composée de quatre domaines bien bâtis, d'une maison plus que simple pour le propriétaire, de 56 hectares de prés, 12 de bois, 100 de bruyères et environ 240 hectares de terres labourables ou pâtureaux. Cette propriété, dans laquelle se trouve une assez grande quantité de bonnes terres à luzerne, est en bon fond ; elle renferme des marnières, des carrières de pierres à chaux qui fournissent de la pierre de taille. Elle est traversée par une grande route encore inachevée, qui, d'un côté, conduit à Lignières, c'est-à-dire à 2 lieues, et, de l'autre, à Saint-Amand, ville située à 4 lieues de là sur le canal du Berry. Elle n'a cependant coûté que 115,000 fr., les frais payés ; cela prouve, il me semble, d'après ce que nous avons vu précédemment, que, dans le Berry, un cultivateur entendu peut, en y achetant une propriété, augmenter très-facilement la fortune de ses enfants. M. Durand n'avait récolté, l'année dernière, dans la ferme qu'il cultive, qu'environ 82 milliers de fourrages, 1,900 gerbes de grains d'hiver et 2,400 gerbes d'avoine ; cette année il a engrangé plus de 6,000 gerbes de froment, qui lui donneront à peu près 400 hectolitres pour 18 hectares, soit 22 hectolitres par hectare, 1,068 gerbes de seigle qui rendront environ 70 hectolitres, et 2,500 gerbes d'avoine qui donneront au moins 300 hectolitres ; enfin 93,000 kilog. de fourrages : cette récolte de grains vaudra de 9,000 à 10,000 fr.

Les betteraves globes rouges et jaunes, dont j'ai rapporté la graine d'Angleterre, sont admirables et bien supérieures aux autres qu'il a cultivées dans le même terrain ; il y a de ces globes dont le diamètre est de plus de 8 pouces.

Les pépinières sont superbes ; les arbres y viennent avec une vigueur extrême. M. Durand a un beau champ de colza, qui va lui fournir du replant pour faire du colza à graines. Son troupeau provient d'un croisement entre béliers leicesters et brebis de la Vendée.

Il a des vaches suisses admirables ; une d'elles qui, comme les autres, a été élevée chez lui, est plus belle que toutes celles qu'il a fait venir de ce pays.

M. Durand a trouvé autour de sa tuilerie un monticule de débris de chaux mêlés de cendres, qui opère des prodiges dans ses champs; il en met une vingtaine de tombereaux à deux chevaux par hectare : il en aura bien pour amender 30 hectares, et cela lui donne des récoltes magnifiques, dans des terres usées, sans même y ajouter de fumier.

Il chaule avec de la chaux vive, à raison de 60 hectolitres par hectare, et, partout où il en a mis, il obtient de fort belles récoltes, même dans des terres qui, avec une assez bonne fumure, ne donnaient que des demi-récoltes.

Ses champs chaulés lui donnent du trèfle de toute beauté. Le trèfle hybride sauvage vient dans ses meilleures terrres en grande abondance et s'élève à 18 pouces, cette année ayant été fort humide. M. Durand a infiniment amélioré des champs qui souffraient beaucoup de l'humidité en y faisant des rigoles de desséchement couvertes, comme cela se pratique en Écosse, et a eu, cette année, une superbe récolte de froment qui est en partie due à cette opération.

Sur les bords de l'Arnon, à 1 lieue environ de chez M. Durand, il existe des terres d'une haute fertilité qui, étant fortes et cultivées par de pauvres métayers avec une détestable charrue, rapportent très-peu de chose. Nous avons visité une bonne ferme louée à un paysan, qui y a mis un métayer; il n'en paye que 16 francs l'hectare, quoiqu'il s'y trouve une assez grande étendue de bons prés. J'ai vu cependant là quelques beaux trèfles et des raygrass anglais. Dans les meilleures terres, qui sont les plus fortes, on ne sème que des grains d'hiver, les terres étant longtemps à se sécher au printemps, et ces braves gens ne connaissant pas la méthode de labourer les terres fortes à l'entrée de l'hiver, pour les semer au printemps sans nouveau labour et seulement au moyen de hersages. On assure que les luzernes ou trèfles ne peuvent pas venir dans ces terres, qui sont naturellement couvertes des meilleures légumineuses; je pense, au contraire, que ce sont d'excellentes terres à prairies artificielles. Quel dommage que les nombreux fermiers qui ont grand'peine à se placer dans nos provinces les mieux cultivées ne connaissent pas mieux le centre de la France, et surtout le Berry! c'est la partie de notre pays où il y a le plus à faire pour un cultivateur ou pour un propriétaire assez connaisseur pour bien choisir les terres et ne pas les payer plus cher qu'elles ne valent dans la contrée.

Je me suis rendu de chez mon ami à Chezal-Benoît; il s'y trouve un beau collége qui est dirigé par des ecclésiastiques. Je visitai près de cet endroit, qu'on est en train de relier par une route avec Lignières et Issoudun, deux propriétés qui se touchent et qui sont à vendre. La première est composée de quatre domaines en fort bon fond, comprenant 20 hectares de bons prés sur les bords de l'Arnon, mais à 1 lieue de la propriété, 35 hectares de bois taillis, 120 hectares d'excellentes bruyères dont on fera de très-bonnes terres, et le reste en terres labourables et pâtureaux qui, en général, sont de bonne qualité, en tout 300 hectares. On en demande 120,000 francs. La propriété qui est contiguë à celle-ci a deux excellents domaines et deux autres inférieurs, peu de prés et d'une médiocre qualité, beaucoup de très-bonnes bruyères, de l'excellente marne, de la pierre à chaux; on la vendrait 110,000 francs. Il n'y a ni dans l'une ni dans l'autre de ces deux terres de maison d'habitation. Cette seconde propriété se compose de 400 hectares, dont 35 sont en bois, où se trouve de la futaie; il y a 1 hectare de vignes. Cette partie jouit d'un droit de pacage dans 5,300 hectares de bois appartenant à l'État.

De là je suis allé à Pellegrue, entre Issoudun et la Châtre, chez M. Édouard Bonvallet; son oncle avait acquis cette propriété, il y a dix à douze ans, pour la somme de 100,000 fr. Le neveu y a fait construire une superbe ferme, et a si bien amélioré cette propriété avec les fonds de son parent, qu'il a fini par la prendre à son compte à raison de 9,000 francs nets d'impôt.

M. Bonvallet a, cette année, 12 hectares de superbes betteraves, 10 hectares de pommes de terre. Il estime que les premières lui donneront 37,000 kilogrammes par hectare, et les secondes 186 hectolitres. Il a rentré, cette année, plus de 500 milliers de fourrages. Ses luzernes et ses trèfles sont fort beaux ; il espère faire sur 33 hectares pour 5,000 francs de graines.

Je l'ai trouvé en train de faire un essai de chaulage à raison de 200, 150 et 100 hectolitres par hectare, sur terres calcaires dont le fond n'a que depuis 1 pied jusqu'à 18 pouces au plus de profondeur, sur la roche calcaire. Il a chaulé, jusqu'à cette heure, à raison de 80 hectolitres mêlés avec dix fois autant de terre, et a obtenu les meilleurs résultats.

M. Bonvallet engraissera, cette année, soixante bœufs du poids de 3 à 400 kilogrammes et devant coûter 250 à 300 fr. la pièce, ou bien de cent à cent vingt vaches pesant 150 à 200 kilogrammes, suivant qu'il pourra se procurer les uns ou les autres au plus bas prix. Il lui faut, pour engraisser un bœuf, cent vingt jours, autant de litres de farine d'orge, le double de son pour faire de l'eau blanche, 6 quintaux métriques de foin, 6,000 kilog. de betteraves et 25 hectolitres de pommes de terre.

Pour une forte vache, il ne faut que cent jours en la nourrissant avec 1,000 livres de foin et 4,000 kilogrammes de betteraves, et il prétend vendre ses vaches sans être aussi grasses le même prix, proportion gardée, que les bœufs, c'est-à-dire 1 franc le kilogramme, et même avoir plus de bénéfice sur les vaches que sur les bœufs, par la raison que les premières s'achètent maigres, à poids égal, moins cher que les derniers.

Il se sert de juments pour le travail et élève avec elles des poulains ; celles-ci, tout en nourrissant, travaillent toute la journée, mais on leur donne 7 litres 1/2 d'avoine, 1 décalitre de pommes de terre cuites par jour. Ses poulains de deux ans travaillent toute la journée, mais il les nourrit très-bien, afin de hâter leur croissance.

Il emploie la charrue Rosé sans avant-train, attelée ordinairement de trois chevaux, afin de ne pas trop fatiguer ses juments et ses poulains.

Il ne cultive que la pomme de terre Shaw, qui rapporte

moins que les autres espèces. Je lui avais donné des graines apportées d'Angleterre, entre autres trois espèces de pommes de terre nommées *Stafford*, betterave-patate et la péruvienne; il les a fait arracher devant moi. Il avait mis des shaws à côté pour point de comparaison; les deux premières ont donné plus du double que la shaw, et la troisième autant que celle-ci. Ses betteraves globes étaient très-belles. Les avoines anglaises étaient magnifiques en paille, mais le grain ressemblait à des balles. Il m'a dit qu'il ne pouvait pas semer dans ses terres de l'avoine de printemps, car elle n'y réussit pas. Il sème ses avoines d'hiver jusqu'en février; elles sont toujours fort légères, quoique abondantes.

Il a planté des osiers dans une terre très-forte qui est exposée aux inondations, et qui n'est cependant pas bonne en prés. Il a une pépinière de 1 hectare qui, après quelques années de plantation, lui produit environ 1,000 francs par an.

M. Cornet, fermier wallon qui est dans la propriété de madame Thouvenel, m'a fait voir 1 hectare de terre qui a été chaulé il y a quatre ans; il se trouve au milieu d'une pièce de terre très-calcaire et était semé en avoine, ainsi que le reste de la pièce; la récolte y valait au moins le double de celle de la partie non chaulée. M. Cornet m'a assuré que, depuis le chaulage de cette portion de terrain, il en avait toujours été ainsi, et il déplorait de n'avoir pas le moyen de chauler les terres de sa ferme.

Je suis allé chez M. du Coudray, propriétaire, près Saint-Florent-sur-Cher; il cultive une ferme de 100 hectares depuis trois ans. Il fait venir, tous les ans, pour 2,000 francs de fumier de cavalerie pris à Bourges, à 2 lieues 1/2 de la ferme; il lui coûte 7 francs 50 les 1,500 kilogrammes, et en met jusqu'à 52,500 kilogrammes par hectare, ce qui lui revient à 393 francs 25 centimes sans compter le port, qui doit bien se monter à moitié de cette somme. M. du Coudray suit un bon assolement. Il a croisé des brebis du Berry avec des béliers mérinos, et compte maintenant leur donner un bélier dishley. Il se sert d'une bonne charrue à avant-train, d'une herse Bataille modifiée; il m'a l'air d'être dans une bonne voie agricole, mais je crois qu'il ne fait pas tout ce qu'il faudrait. Il n'a que six chevaux pour 100 hectares, et un de ses attelages est constamment occupé à aller chercher du fumier à Bourges; il n'a pas de bœufs pour suppléer au manque de chevaux. Il m'a dit que M. Mignan, fermier venu des environs de Paris il y a une douzaine d'années, cultivait à merveille, et que presque tous les propriétaires qui l'entourent cherchaient à l'imiter. Les bonnes terres dans les environs de Saint-Florent se vendent 1,500 francs l'hectare au détail.

La terre du Châtellier, dont on a vendu en détail ce que l'on a pu, vient d'être vendue 90,000 fr.; elle se compose d'une habitation, de 100 hectares d'excellentes terres et de 50 hectares de taillis : elle n'est qu'à une demi-lieue de Saint-Florent.

Je suis allé ensuite chez M. le Gras, fermier du pays de Caux, qui a loué une ferme non loin d'Issoudun; il cultive très-bien. Il a un bon troupeau métis, qu'il va croiser avec des béliers anglais; une vacherie considérable, dont une partie se compose de bêtes normandes; il fait avec leur lait des fromages connus sous le nom de *bondons de Neufchâtel*, qui m'ont paru être excellents et dont il a un très-bon débit chez lui, à l'année. Sa pépinière de colza est très-étendue et fort belle.

J'ai vu chez lui beaucoup de sainfoins et de luzernes très-bien semés, et un fort beau champ de betteraves et de pommes de terre.

En traversant la propriété de M. Fontenelle, j'ai vu de fort beaux colzas semés au semoir.

Chez M. Pradet, au château de la Ferté-Reuilly, j'ai admiré des champs considérables couverts de superbes betteraves, dont une partie est cultivée par lui, une autre par son fermier flamand, et le reste par le fabricant de sucre, qui est aussi son fermier. Il y a sur les trois fermes des prairies artificielles on ne peut plus belles, du maïs fort beau. M. Pradet a eu du madia qui a produit 30 hectolitres à l'hectare. Les pépinières de colza sont fort belles, surtout chez le fermier flamand, qui a récolté, cette année, 28 hectolitres de colza à l'hectare, qui a été vendu 30 fr. l'hectolitre ; cela fait un produit de 840 fr. par hectare. Nous avons vu chez ce Flamand vingt-quatre très-beaux cochons qui pâturent dans les luzernes et auxquels on ne donne, en outre, que 2 décalitres de son mêlé dans l'eau qu'ils boivent. M. Pradet a toujours de fort beaux élèves de chevaux percherons ; il vient de vendre ses brebis de décharge 45 fr. la paire, mais j'ai appris avec regret qu'il se défaisait de son troupeau de brebis du Berry, qui est assurément le plus beau de cette race qui existe ; il veut dorénavant n'avoir plus que des moutons à engraisser. Il emploie de la chaux en compost, qu'il fabrique dans un four allant au charbon de terre, et qui lui en fournit 25 hectolitres par vingt-quatre heures ; cette chaux lui revient à 1 fr. l'hectolitre, bien qu'il soit obligé de faire venir le charbon de terre par voiture depuis Vierzon, dont il est à 8 lieues. M. Pradet a semé des pins-laricios qui sont venus aussi vite que les pins maritimes.

J'ai visité ensuite la ferme de Daluet, qui est maintenant composée de 160 hectares; elle a été louée par M. la Rue, fermier des environs de Paris, à raison de 32 fr. l'hectare : le propriétaire lui a donné un cheptel de 12,000 fr. M. la Rue a onze chevaux de travail qui sont très-forts et un troupeau de six cent cinquante moutons qu'il fait parquer en les engraissant; il se sert d'une charrue américaine fabriquée par Bénard de Romorantin, qui m'a paru être très-bonne. Sa ferme est bien conduite; il a adopté un assolement alterne fort bien entendu, et il raisonne parfaitement son affaire.

Le propriétaire de la ferme vient de construire une fort belle grange, dont il a fait faire les approches par le fermier.

M. la Rue a un berger marié des environs de Paris ; il le loge, le chauffe, lui donne pour lui et ses chiens 18 hectolitres de froment, 300 fr. argent, 10 centimes par toison, et autant par mouton vendu; il parque et garde six cent cinquante bêtes.

J'ai vu dans la ferme de Grammont, qui touche la précédente, qu'on avait assaini un marais considérable au moyen de rigoles couvertes et de grands fossés, qui en ont fait une excellente terre. On engraisse dans cette ferme, pendant toute l'année, un troupeau composé d'environ deux mille moutons; dans la bonne saison, on les envoie en pâturage dans les prairies artificielles, et on leur donne 1 litre de recoupette ou de son avec un quart de litre d'avoine par jour et par tête. En hiver, on donne 1 litre de son et autant d'avoine ou d'orge avec de la paille; de cette manière, on met six semaines à deux mois et demi pour les engraisser, cela dépend de leur état au moment de l'achat.

Le troupeau consommant tous les herbages en vert, on est obligé d'acheter du foin pour nourrir une vingtaine de très-beaux chevaux de travail; on a, en outre, une centaine de bêtes à cornes, parmi lesquelles se trouve un certain nombre de bœufs à l'engrais; le reste se compose en grande partie de jeunes bêtes du pays, qu'on fait pâturer dans les prés marécageux et qu'on hiverne avec de la paille et des racines.

M. Menuge, le fermier, est un Artésien; il a déjà fait précédemment le commerce des moutons; il est fort capable et très-actif. Son propriétaire lui fournit les fonds pour ce commerce de bestiaux et partage avec lui la moitié du bénéfice; après avoir prélevé l'intérêt du capital avancé, il reçoit le tiers des récoltes pour fermage : cet arrangement doit durer pendant trois ans, après quoi le fermier payera 6,900 fr. et les impôts pour cette ferme de 220 hectares, dont un tiers est en terres fort sablonneuses et assez éloignées des marnières. Ayant été marnée et contenant beaucoup de défrichements, la ferme de Grammont, fumée comme elle l'est, donne de superbes récoltes de grains.

M. Martin, le propriétaire, fait extraire toutes les roches qui gâtaient une partie des terres, et l'on assainit celles qui souffrent de l'humidité.

On paye ici les tourteaux de colza 50 fr., et ceux de noix jusqu'à 70 fr. les 500 kilog. On ne donne aux chevaux que de la paille et du grain, ou du moins très-peu de foin, car il faut l'acheter. Le fermier était malheureusement absent quand je suis arrivé. Le maître berger, qui est de l'Artois, en réponse aux questions que je lui ai faites, m'a appris que, parmi les moutons métis, solognots et berrychons qu'il engraisse depuis deux ans, les derniers s'engraissent le plus facilement tant au pâturage qu'à la bergerie.

Je me suis rendu de Grammont chez MM. Moufle. Ils chaulent leurs terres avec un grand succès, et ils m'ont dit avoir eu, cette année, de fort belles récoltes. Ils sont en train de construire une belle ferme, et leur maison, qui vient d'être achevée, est fort jolie.

J'ai été étonné de la grosseur des peupliers plantés dans l'étang de Sigonneau, il y a onze ans; ils vaudront bien 30 fr. à vingt ans : on pourrait déjà en faire de belles planches.

On a fait une superbe grange dans la ferme, et le nouveau propriétaire va faire remplacer les vieux bâtiments par des neufs.

Je suis allé ensuite chez M. Poisson, fermier des environs de Paris, qui a pris deux fermes près de Vierzon. La première, celle d'Aubussay, renferme des bâtiments magnifiques; une partie de ses terres sont très-fortes. Il en paye 30 fr. l'hectare. La ferme générale de la terre de Coulange, dont les terres sont bien meilleures, ne lui coûtera que 25 fr., lorsque son bail commencera dans une couple d'années. Il vient de faire revenir un beau troupeau métis des environs de Paris, le premier n'ayant pas réussi; il lui donne des béliers croisés kent et mérinos. A sa place, j'eusse renoncé aux brebis mérinos, et les aurais remplacées par des brebis berrychonnes, dont les produits avec béliers anglais sont très-beaux, et qui sont moins difficiles pour la nourriture que les métis.

M. Poisson a de fort belles vaches provenant d'un croisement entre un taureau suisse et vaches du pays; on les prendrait pour des vaches suisses pure race.

J'ai vu chez lui une quinzaine de beaux chevaux. Il se sert de la charrue de Brie. Ses cochons sont engraissés avec de la drèche ; il donne aussi, en été, de la drèche à ses chevaux pour les faire barboter, cela en sus de la ration ordinaire d'avoine. La drèche lui coûte 40 centimes l'hectolitre comble.

Il a fait faire à Meaux une machine à battre qui doit aller avec deux chevaux ; mais elle les fatigue trop et ne bat que 18 hectolitres de froment par jour ; elle lui a coûté 4,000 fr. : c'est horriblement cher.

De Vierzon je me rendis à la belle propriété de Lorois, entre Bourges et Aubigny. Le régisseur, M. Lenchère, qui est de Metz et qui a été un des élèves de M. Dombasle, m'a paru être un fort bon cultivateur.

J'y ai vu de très-belles récoltes sarclées, betteraves et pommes de terre ; ses avoines, vesces et trèfles produiront beaucoup. Les terres m'ont semblé fertiles ; on les chaule à raison de 60 hectolitres, ou bien on les marne à raison de 60 mètres cubes, qu'on va chercher dans une belle forêt du gouvernement, qui touche la propriété.

On défriche maintenant de la manière suivante :

On laboure les bruyères, en hiver, en les prenant à 8 pouces de profondeur, avec une charrue attelée de quatre chevaux ; un homme suit la charrue pour empêcher les gazons de retomber dans la raie. On ne met qu'un seul laboureur, malgré les quatre chevaux ; on se sert de charrues Rosé à avant-train, dont les roues sont d'inégal diamètre ; elles coûtent 60 fr., et ont le mérite de pouvoir être dirigées par des gens ne sachant pas bien labourer. Après le labour, on roule avec un pesant rouleau, si le temps le permet ; on herse ensuite plusieurs fois, on roule de nouveau, et puis on répand 18 hectolitres de poudrette par hectare ; on sème par-dessus de l'avoine, qu'on enterre à la herse Bataille.

Après la moisson, on passe la herse Bataille à plusieurs reprises, on répand 25 hectolitres de poudrette, on sème du seigle qu'on enterre avec l'araire du pays ; la récolte de seigle faite, on laboure deux fois, on herse vigoureusement, on sème 25 hectolitres de poudrette et puis du froment, qu'on enterre avec la herse Bataille.

On obtient ainsi trois fort belles récoltes de grains, et l'on n'a pas perdu une couple d'années après le défrichement pour laisser décomposer les gazons.

La poudrette de Paris coûte 7 fr. 50 c. l'hectolitre, rendue à la ferme; celle qu'on se procure à Bourges ne coûte que 1 fr. 25 c., mais on ne peut en obtenir qu'une petite quantité, et ensuite elle est bien moins fertilisante que celle de Paris. On paye le mètre cube de cendres lessivées 3 fr. à Bourges; ce dernier engrais, à un prix si peu élevé, remplacerait, à raison de 10 mètres cubes, la poudrette avec un grand avantage; le noir animal de raffinerie coûterait aussi beaucoup moins, en en mettant 10 hectolitres; la suie, à raison de 40 hectolitres, serait encore dans ce cas.

La chaux coûte, prise à environ 2 lieues, 3 fr. 50 c. les 225 litres; on en fait des composts avec de la vase d'étang et d'autres bonnes terres. Ces composts sont employés en couverture sur de jeunes prés; on met moitié chaux, moitié terre; on met aussi de la chaux éteinte à l'air dans les fumiers.

M. Lenchère possède un fort beau troupeau mérinos, auquel il donne des béliers kents qu'il a pris chez M. Malingié. Ses nombreux cochons anglais noirs et blancs sont fort beaux et produisent beaucoup de petits; la raison en est, m'a dit M. Lenchère, à qui j'ai fait observer que les pareils, chez moi et chez beaucoup de personnes de ma connaissance, ne se reproduisaient que difficilement, est qu'ils vont ici tous les jours en pâture, et qu'on ne leur donne, en rentrant, que du son dans leur boisson. Il vend beaucoup de ces petits cochons, âgés de six semaines, à raison de 15 francs la pièce.

On m'a fait voir un fort beau troupeau de bêtes à cornes; il est composé d'une quarantaine de vaches, dont le plus grand nombre est d'espèce cotentine. Il s'y trouvait une fort jolie vache suisse venant de Sigonneau. Le taureau durham m'a paru fort beau et être en bon état; il a coûté, à Alfort, 1,500 francs.

Son haras se compose de treize juments anglaises, parmi

lesquelles il s'en trouve plusieurs de pur sang, dix poulains de l'année, cinq de l'année dernière et trois de deux ans. Un de ces derniers a été vendu 4,000 francs. On ne donne aux mères que du vert en été, du foin et 25 livres de carottes en hiver; mais aux poulains on fournit de l'avoine et des carottes tant qu'ils en veulent.

M. Lenchère a d'excellents chevaux de travail; il m'a dit cultiver 700 hectares partagés en quatre fermes. Son chef d'attelage a 800 francs et son garde-magasin 500 francs; tous les deux sont nourris. Je ne connais pas les appointements du directeur; celui-ci a fait venir, par l'intermédiaire de M. Villeroy, une douzaine d'ouvriers de la Bavière rhénane, près Sarreguemines; il en est fort content, et les paye comme les journaliers du pays en temps de moisson, c'est-à-dire 2 francs par jour sans les nourrir. Ils doivent s'en retourner après les travaux, sauf deux d'entre eux qui sont mariés, et qui vont faire venir leurs femmes pour se fixer dans le pays.

A 5 lieues de Lorois, M. de Chabannes a acheté, il y a quelques années, une plaine de bruyères d'environ 1,750 hectares de superficie; mais, pour se débarrasser des droits de pâture appartenant à plusieurs communes, il a été obligé de leur en abandonner 500; ce qui lui reste revient à 250 francs l'hectare. Il a commencé par bâtir une immense ferme, qu'on m'a dit coûter 50,000 francs, dans laquelle on emploie trente beaux chevaux, et qui renferme de huit à neuf cents moutons du pays. On chaule et l'on marne comme à Lorois; on y a adopté la même charrue. 800 hectares environ ont déjà été défrichés en grande partie par l'écobuage, qui coûte ici 150 francs, l'épandage des cendres compris. On a semé dessus du seigle qui donne ordinairement 18 hectolitres; celui-ci paye les frais de culture et d'écobuage; vient après une récolte d'avoine; on marne ou l'on chaule et on fume; puis une jachère ou des pommes de terre ou vesces; arrive ensuite du froment qui réussit fort bien, sur lequel on sème de la fenasse si le champ se trouve dans un fond, ou du trèfle sur les terres du plateau. Les uns et les autres sont fort beaux, mais le marnage ou le chaulage sont de première nécessité pour les obtenir.

Si, pour occuper en hiver les chevaux, on défriche à la charrue, un an après on herse beaucoup, on laboure de nouveau, et on herse encore; puis on fume avec du fumier ou de la poudrette, et l'on sème du seigle. On a même obtenu des récoltes satisfaisantes sans fumure, mais après un marnage ou un chaulage.

On traite tout le fumier de la ferme en compost avec de la chaux, de la suie, des cendres et de la tourbe.

M. Legendre, le régisseur, est fils d'un fermier de la Beauce; il a été mis à la tête de cette immense culture et s'en tire fort bien, à ce qu'il m'a paru.

Il m'a assuré avoir récolté cette année environ 1,000 hectolitres de froment, autant de seigle et le double d'avoine; la grange, qui est très-spacieuse, est pleine, et il y a, en outre, quatorze énormes meules.

On essayait une machine à battre qui a été fournie par MM. Mothes, de Bordeaux. Quatre superbes chevaux de la plus grande taille avaient une peine infinie à la faire marcher, et cependant on ne la nourrissait pas fort; il y avait un tarare sous la machine. Elle a coûté 1,700 francs, plus 300 francs pour la poser. J'ai remarqué qu'il restait du grain dans les épis battus.

M. Legendre m'a dit que la récolte qui suit un chaulage était plus belle que celle qui vient après un marnage, mais qu'ensuite il ne voyait plus de différence entre les produits de ces deux amendements.

Les terres de cette immense ferme m'ont semblé bonnes, mais souffrir on ne peut plus de l'humidité; elles ont absolument besoin d'être assainies. Les communes qui ont eu les 500 hectares se proposent de les partager ou de les vendre, ce qui vaudrait assurément mieux que de les laisser en bruyères.

Dans une auberge de Sologne où je déjeunais, on m'a parlé d'un jeune homme qui avait acheté, il y a peu d'années, une ferme à des gens qui la faisaient valoir eux-mêmes, et qui n'en retiraient pas assez de grains pour se nourrir. Il a défriché les bruyères, est allé chercher de la marne à 3 lieues de là, et maintenant, trois ans après son acquisition, il obtient de fort belles récoltes de grains, dont il pourra même vendre une bonne partie.

M. le général d'Argout a eu la bonté de me faire voir une propriété qu'il a achetée, il y a environ quinze ans, près de Gien; elle se trouve placée en partie dans le val de Loire, et en partie sur un coteau qui est en terres de Sologne. Il a bâti une fort jolie maison bien distribuée, en a garni les alentours de jardins anglais, et a tiré ainsi un fort bon parti d'anciennes carrières ou marnières, qui sont maintenant couvertes de fort jolies plantations traversées par des allées. Il a semé dans des terres sablonneuses et remplies de silex, à raison de 60 livres par hectare, des luzernes, sans autre préparation qu'une jachère complète et du plâtre au moment de la levée de cette plante. Ces luzernes, labourées après dix ans de bonne production, lui ont fourni quatre excellentes récoltes de grains sans avoir reçu aucun engrais, et il faut ajouter que ces terres étaient complétement usées avant la semaille de la luzerne. Un trèfle semé après ces quatre récoltes épuisantes avait, au moment de ma visite, 18 pouces de haut, et était très-épais, quoiqu'il eût été fauché avec de l'avoine cinq semaines avant. Il a semé une quantité considérable de luzernes dans des terres très-mauvaises remplies de silex. Dans les parties qui venaient d'être marnées elles sont fort belles, mais dans les terres qui n'ont pas reçu de marne, elles existent, mais je crois qu'elles n'ont pas d'avenir; ce n'est que le plâtrage, lors de l'ensemencement, qui a pu les faire croître dans d'aussi mauvaises conditions.

Le général loue ses terres 30 francs l'hectare. Il vient d'acheter une ferme assez bien bâtie sur le coteau qui touche à sa propriété; elle contient 130 hectares de bonnes terres de Sologne et lui coûte 60,000 francs. Une grande portion des bruyères est couverte de genièvres; il en a défriché une partie à la charrue et a semé du sarrasin mêlé de colza-fourrage qui n'est pas venu, excepté dans un endroit qui touche le chemin de sortie, où le troupeau, en passant, laissait tomber des engrais, et aussi dans un coin où l'on avait déchargé et répandu un tombereau de marne dont la roue s'était brisée; le colza et le sarrasin étaient plus beaux dans ce coin que dans la partie qui servait de passage au troupeau, ce qui fait voir combien la marne convient à ses terres.

Le général n'avait dans sa réserve que dix-huit vaches provenant d'une importation de bêtes normandes; il est plus content de celles élevées chez lui que des premières. Il a fait l'arrangement suivant avec la femme d'un de ses journaliers, qui n'a qu'un enfant. Ils sont logés et chauffés dans une maison attenante à la vacherie; il fournit un garçon pour garder et soigner les vaches; la femme en question les trait et soigne la laiterie, et elle a pour ses peines 2 fr. pour chaque veau vendu, un cinquième du prix de vente des cochons élevés à la vacherie, 5 fr. par vache vendue; enfin elle a encore la douzième livre de beurre et la sixième livre de fromage.

Les marnières de M. d'Argout, situées dans le val, sont à fleur de terre ; mais sur le coteau on ne trouve la marne qu'à 40 pieds de profondeur. Il paye pour son extraction 1 fr. par mètre cube, les frais de creusement du puits à part.

Il m'a dit que, partout où croissait le chardon tournant, la luzerne réussissait.

Le général a bien voulu me conduire chez M. de Montmerqué, jeune cultivateur, qui a monté une sucrerie dans le val de la Loire, entre Gien et Sully; ce dernier cultive 25 hectares de betteraves qu'il plante à la charrue. Il assure que sa sucrerie ne lui est pas onéreuse, malgré l'impôt frappé sur cette industrie; il a des hectares qui lui donnent 40,000 kilog., et d'autres qui n'en donnent que 15,000.

M. de Montmerqué laboure avec des vaches d'Auvergne, qu'il prétend être plus actives que celles du Limousin, dont il a aussi un attelage; il assure qu'elles marchent plus vite et qu'elles sont aussi fortes que les bœufs. Il se sert de la charrue de Dombasle, qu'il attelle de quatre vaches ; je pense que, s'il employait la charrue belge-américaine, il pourrait habituellement n'en mettre que deux, en ne les faisant travailler qu'une demi-journée. Ses vaches lui élèvent des veaux destinés à les remplacer plus tard ; j'ai vu de belles génisses commençant à travailler, qui étaient nées chez lui. Il laisse teter les veaux presque tout le temps qui s'écoule entre deux portées.

Il ne donne à ses vaches que de la pulpe de betterave avec de la paille hachée, tant que la pulpe dure ; ensuite il la remplace par deux bottes de foin mêlé d'autant de paille, le tout haché ; elles s'entretiennent ainsi en bon état, malgré les dix heures de travail qu'elles supportent ; elles charroient aussi les fumiers et rentrent les récoltes. Il les a payées, rendues chez lui, 250 fr. par tête.

Son manége, qui sert alternativement pour la machine à battre ou pour la râpe, est attelé de six bœufs ou de six vaches, et il assure que ces dernières supportent ce travail très-fatigant, tout aussi bien que les bœufs, quoiqu'elles marchent plus vite.

Sa machine à battre, fournie par MM. Mothes, de Bordeaux, ne bat qu'une dizaine d'hectolitres de froment et une quinzaine d'avoine par jour, et elle m'a paru très-fragile. M. de Montmerqué m'a dit que, pour faire bien taller une luzerne nouvellement semée, il fallait la faucher au moins une fois l'année de la semaille, et trois ou quatre fois la seconde année.

Il croise kent et mérinos, et a vendu, cette année, son agnelin 2 fr. 25 c. la livre en suint : les toisons pesaient 2 livres 1/2 en moyenne. Le général et lui seraient fort disposés à faire venir quelques béliers cheviots, si l'on pouvait réunir quelques personnes qui eussent la même intention.

Je suis allé ensuite chez M. Bobé, au château de Chenailles. Il a eu, cette année, 20 hectares en froment, qui lui donneront 30 à 35 hectolitres de froment de Saumur par hectare ; il est superbe et sans graine : il cultive cette espèce depuis longtemps avec beaucoup de succès.

Il cultive aussi l'avoine noire dite joannette; il la sème en février et mars, sur un labour d'automne, en l'enterrant très-peu à la herse Bataille, ce qui lui réussit infiniment mieux que lorsqu'elle est enterrée davantage; elle pèse 50 kilog. l'hectolitre. Il espère la vendre 8 fr. l'hectolitre, et en a vendu jusqu'à 11 fr. pour la semence.

Il a une vingtaine d'hectares de navets semés sur jachère fumée, qui sont très-beaux.

Ses moutons doivent aller, au printemps, pâturer dans 24 hectares de seigle mêlé de colza; ils iront ensuite dans des raygrass, et après dans des trèfles blancs mêlés de lupuline. Il a aussi beaucoup de trèfles très-bien semés, mais qui souffrent maintenant infiniment de la sécheresse.

M. Bobé hiverne habituellement 1,200 bêtes mérinos qui sont fort belles; ces bêtes parquent pendant la bonne saison. Il n'a pu vendre sa laine, qui est très-fine, que 1 fr. 10 c. la livre étant rendue à Pithiviers. Il a ramené de cette ville, ainsi que d'Orléans, de la poudrette à 3 fr. l'hectolitre, qu'il emploie à raison de 20 hectolitres par hectare; il paye les cendres 1 fr. 50 c. l'hectolitre, et la suie 2 fr.

Son berger, qui fournit un aide, reçoit 900 fr. avec le logement, la nourriture et le chauffage; mais il n'a rien pour les chiens.

M. Bobé a des aunes semés de cette année, qui sont déjà hauts de 18 pouces; ceux de l'année dernière ont 5 pieds.

Son râteau à cheval d'une nouvelle invention n'est pas mauvais, mais les roues sont trop basses; il coûte 200 fr., mais il est moins bon que celui que j'ai vu en Écosse et qui ne coûte pas si cher.

Il se sert beaucoup de la herse Bataille; il en a plusieurs, mais il compte en changer l'avant-train et mettre une seule roue devant au lieu de deux. Il n'approuve pas les dents qu'on y met maintenant et va les faire reforger, comme on les faisait anciennement. Il a le désir d'avoir une machine à battre portative; je lui ai conseillé de se procurer celle que j'ai vue en Angleterre, et que M. Moll a fait venir pour le Conservatoire des arts et métiers.

M. Bobé est tenté de croiser son troupeau avec des béliers anglais longue laine; ses toisons sont, en moyenne, de 6 à 7 livres ; ses brebis de décharge se vendent de 30 à 35 fr. la pièce.

Il va monter une scie rotative allant par eau, attendu qu'il a dans ses bois une grande quantité d'arbres à mettre en planches.

Il se sert de l'ancien versoir Dombasle, auquel il a adapté un soc américain. Sa charrue est à avant-train.

Les traits de cuir de Hongrie lui semblent préférables à ceux en chaîne, car ils sont plus légers, durent sept à huit ans et n'écorchent pas les jambes des chevaux. Il n'achète que des jeunes chevaux percherons; il les paye, à l'âge de trois ans, de 7 à 800 fr., et les revend ensuite, à sept ans, avec un petit bénéfice.

Il sème beaucoup de spergule dont son troupeau se trouve très-bien, lorsqu'elle commence à grainer ; si on la faisait pâturer plus tôt, elle serait trop relâchante et nuirait aux bêtes à laine.

Quoiqu'il ait un four à chaux, il ne chaule pas, étant content de la marne et trouvant que la chaux coûte davantage.

En passant par Tours, je n'eus rien de plus pressé que de prendre un cabriolet pour me rendre à la colonie de Mettray, qui n'est qu'à 2 lieues de cette ville, en suivant la route du Mans, et dans un fort beau et riche pays. Le concierge me demanda mon nom; je remis ma carte qui fut présentée à M. Demetz, ancien conseiller à la cour royale de Paris, qui a renoncé à cette position si honorable, afin de se consacrer tout entier à une œuvre de bienfaisance, qu'il a fondée, de concert avec son ami M. de Bretignière, sur la propriété de ce dernier.

Il me reçut d'une manière fort obligeante, m'expliqua l'organisation de son œuvre, me dit combien les résultats obtenus jusqu'à cette heure surpassaient ses espérances. Il me fit parcourir sa comptabilité, le journal tenu par les pères de famille, les notes prises sur chaque élève, le dossier relatif à chacun de ces enfants; tout cela était tenu avec un détail, un ordre et une propreté admirables.

Les bâtiments sont déjà au nombre de huit, dont deux grands; l'un de ces deux contient l'infirmerie, la pharmacie, la chapelle provisoire, la cuisine, le logement de cinq sœurs hospitalières, la lingerie, enfin les dortoirs de vingt-cinq élèves libres, qui se destinent à devenir les surveillants et instructeurs de cette jeunesse.

Le second de ces grands bâtiments comprend la classe au rez-de-chaussée et une magnanerie dans les deux étages supérieurs; on a déjà terminé l'éducation de 8 onces de vers à soie cette année. Deux des six autres maisons qui sont pareilles servent, l'une au logement de M. Demetz, qui se trouve placé sur quatre cellules pénitentiaires; il a ses bureaux à côté de lui et des logements d'employés au deuxième étage; l'autre bâtiment loge l'aumônier et d'autres employés.

Enfin les quatre dernières maisons forment l'habitation d'autant de familles, composées chacune de quarante jeunes élèves gouvernés par le père de famille, qui est un homme d'une quarantaine d'années, choisi autant que possible parmi des artisans, et qui doit réunir de nombreuses qualités; il a sous ses ordres deux surveillants, jeunes gens qui ont été pris dans d'honnêtes familles, et qui se destinent à aider MM. Demetz et de Bretignière dans leur œuvre inappréciable.

Ces maisons ont deux étages : le rez-de-chaussée sert d'atelier, le premier et le second de dortoirs, contenant chacun vingt colons; le père de famille et son premier aide occupent chacun un cabinet qui a vue sur le dortoir. Les colons couchent dans des hamacs qui sont repliés contre le mur pendant le jour; pour la nuit, on pose des barres sur les poteaux et l'on y accroche les hamacs : les colons couchent à tête-bêche.

Il y a deux tables qui sont relevées contre les piliers lorsqu'elles ne sont pas utiles; dix élèves peuvent dîner à chacune de ces tables.

Entre chaque deux maisons se trouve un hangar où sont placés les outils appartenant aux colons; ces outils sont numérotés et accrochés à des chevilles qui portent aussi les numéros des élèves. Chaque colon a une petite armoire où ses effets sont pliés soigneusement. On construit maintenant une chapelle qui coûtera près de 100,000 fr., et qui pourra contenir cinq cents personnes. Une maison, logeant quarante colons et les surveillants, coûte, y compris le mobilier, 8,000 fr.

La plus grande partie des colons est employée aux champs; mais une partie d'entre eux travaille aux différents métiers qui se rattachent à la culture, tels que charron, maréchal, sabotier, menuisier, cordonnier, tailleur, bourrelier, etc.

Tous les alentours des bâtiments sont cultivés en légumes, qui sont d'une vigueur extraordinaire; il y a ensuite une cinquantaine d'arpents qui forment la culture de l'établissement, en attendant qu'une ferme voisine, qui appartient à M. de Bretignière, soit à fin de bail, ce qui est prochain.

Les colons sortent de l'établissement à l'époque où leur temps de reclusion expire. On les place chez des cultivateurs, et on les met sous la surveillance d'un patron, qui est ordinairement un magistrat ou une autre personne distinguée, qui veut bien se charger de veiller sur ces jeunes gens, et de tenir sur leur conduite des notes qui sont ensuite envoyées à la colonie. Si le jeune homme ne pouvait rester dans sa nouvelle condition, il lui serait permis de rentrer à la colonie où il trouverait de l'ouvrage, jusqu'à ce qu'on ait pu le placer ailleurs.

Je suis revenu émerveillé et ravi de ce que j'avais vu; c'est l'établissement de bienfaisance le plus utile et le mieux conduit que j'aie encore visité. J'ai déjà parlé de celui de Bordeaux : on en forme un autre sur les mêmes principes, à Marseille, dont M. l'abbé Fissio sera le directeur, et je sais qu'il existe plusieurs projets pour la création de pareilles institutions. Dieu veuille permettre qu'elles arrivent à bonne fin!

Il serait à désirer que les classes riches et inoccupées comprissent que, dans leur intérêt bien entendu et dans celui du pays, elles doivent vivre au moins la moitié de l'année à la campagne, pour y faire travailler les classes pauvrés.

Sous l'empire du suffrage universel et à l'époque actuelle, où les mauvaises passions fermentent et nous menacent de loin ou de près, les familles qui ont une fortune indépendante et qui ne sont pas dans les affaires devraient, si elles ne le sont déjà, devenir propriétaires et se fixer pendant la belle saison dans leurs terres, où, pour ne pas s'ennuyer, mais surtout pour se rendre utiles aux paysans, fermiers ou journaliers, elles s'occuperaient de l'amélioration de leur propriété, soit en en faisant valoir une partie, car alors elles fourniraient de l'ouvrage aux pauvres gens et pourraient donner de bons exemples aux fermiers, soit en faisant des semis de bois dans leurs mauvaises terres, en repeuplant les clairières de leurs taillis, en assainissant les parties humides de leur propriété ou en réparant les chemins; cette occupation serait non-seulement intéressante, mais encore très-profitable à leur domaine. Ils pourraient aussi se livrer à l'horticulture, passe-temps très-agréable et en même temps utile, en ce qu'il pourrait encore procurer du travail aux familles qui ont besoin d'être employées toute l'année pour pouvoir vivre tout doucement, et qui sont bien à plaindre lorsqu'elles sont une grande partie du temps sans trouver des journées, ce qui arrive malheureusement dans presque toutes les communes rurales qui ne possèdent pas au milieu d'elles une famille riche ou au moins aisée et instruite.

On comprendra facilement que ces pauvres gens, qui manquent trop souvent du nécessaire et qui sont ignorants, écoutent volontiers les hommes mal pensants qui les excitent contre les riches, leur en disant tout le mal possible et leur promettant le partage des biens de ces gens, qui n'existent à leurs yeux que pour emporter à la ville les revenus du pays. Je conçois que ces pauvres paysans, étant souvent très-malheureux, soient exposés à se laisser influencer par les révolutionnaires; ils se disent : si ce qu'on nous promet ne se réalise pas, nous ne serons toujours pas plus misérables que maintenant, et ils votent pour les rouges, qui promettent le partage. Mais si, au contraire, la majeure partie des communes rurales se trouvaient avoir au milieu d'elles au moins un propriétaire riche qui dépensât une partie de ses revenus sur les lieux de production, qui fît travailler et gagner du pain dans la morte-saison aux gens qui ne peuvent vivre sans cela, alors ces bons campagnards ne se laisseraient probablement pas séduire par de perfides conseils. Quant aux fermiers, qui profiteraient petit à petit des bons exemples qu'ils auraient sous les yeux, venant à mieux cultiver, ils obtiendraient de plus amples récoltes, mais ils auraient besoin aussi d'une plus grande main-d'œuvre; il y aurait alors bien moins de gens sans emploi, et en même temps plus de produits et à meilleur marché, et, par conséquent, un accroissement de richesse pour le pays.

En faisant des améliorations bien entendues dans leurs terres, les propriétaires augmenteront leurs revenus, et, quand même ceux-ci seraient loin d'approcher du taux légal de 5 pour 100, cela ne devrait pas les empêcher de placer des capitaux en biens-fonds, car ceux-ci, quand ils ne sont pas surpayés, et surtout lorsqu'on les achète dans les parties de la France où la culture est arriérée, doublent de valeur en moins de vingt années, pendant qu'il n'arrive que rarement à un capitaliste de ne pas éprouver une banqueroute dans ce laps de temps, et, s'il a la chance de l'éviter, son capital n'augmente toujours pas, attendu que peu de personnes économisent une partie notable de leur revenu.

Il est bon d'ajouter ici que la masse de minéraux précieux qu'on retire depuis quelque temps de Sibérie et de Californie amènera, sans aucun doute, une grande dépréciation des capitaux, et en même temps une forte hausse des biens-fonds.

Une autre bonne raison de se fixer à la campagne et de s'y occuper d'améliorations agricoles et de culture, c'est qu'une grande partie des pères de famille sont embarrassés pour trouver des emplois ou des occupations à leurs fils. Jusqu'à présent on n'a pas regardé la culture comme une carrière convenable pour des jeunes gens bien élevés et devant avoir un jour une certaine fortune. Cette manière de voir résulte de ce qu'il arrive fréquemment, à des personnes qui veulent cultiver sans avoir aucune connaissance en agriculture, de faire des écoles et de perdre de l'argent ; ce qui, en général, les dégoûte de cette occupation au moment où l'expérience acquise à leurs dépens les mettrait à l'abri de nouvelles pertes et en position de faire des bénéfices. Mais des jeunes gens ayant reçu l'instruction agricole dans les nombreux établissements que notre gouvernement vient de créer en sortiraient capables de tirer un bon parti des propriétés de leurs parents, et trouveraient dans ce noble état une occupation qui en empêcherait beaucoup parmi eux de donner dans des travers qui sont souvent la suite d'une vie inactive.

L'agriculture telle qu'elle existe maintenant dans bien des parties de la France n'offre rien d'attrayant ; mais lorsqu'elle est perfectionnée, comme dans les Flandres, dans plusieurs comtés d'Angleterre et surtout d'Écosse, elle devient excessivement attachante. Le cultivateur a toujours quelque chose de nouveau à examiner ou à faire admirer à ses visiteurs ; ensuite la satisfaction qu'éprouve tout cœur bien né d'être utile, aux uns en leur donnant de bons exemples, aux autres en les aidant à gagner leur vie, est bien faite pour faire prendre en patience quelques contrariétés, qui sont toujours plus ou moins la suite des affaires de ce bas monde.

Paris. — Imp. de Mme Ve Bouchard-Huzard, rue de l'Éperon, 5.

Ouvrages du même auteur.

Journal du deuxième **voyage agricole** de M. le comte DE GOURCY en Angleterre et en Écosse, suivi de notes sur le *draining* des Anglais, et sur l'agriculture du nord et du centre de la France en 1847. In-8, 1849. 3 fr.

Voyage agricole en Belgique et dans plusieurs départements de la France, par M. Conrad DE GOURCY. 1849, in-8. 3 fr. 50 c.

Second voyage agricole en Belgique, en Hollande et dans plusieurs départements de la France, par M. le comte Conrad DE GOURCY. In-8, 1850. [illegible] fr. 50 c.

Ouvrages qui se trouvent à la même librairie.

Des charges de l'agriculture dans les divers pays de l'Europe, par M. BLOCK. 1851. 6 fr.

De l'engraissement du bétail [illegible] de quelques [illegible] pèces [illegible] [illegible] 1851. [illegible]

Les paysans, ou la politique et l'agriculture, par Alix SAUZEAU. In-8. 3 fr. 50 c.

Conseils aux nouveaux éducateurs de vers à soie, résumé des méthodes et des pratiques à suivre pour planter des mûriers, construire des magnaneries, élever les vers à soie et filer des cocons, par FRÉDÉRIC DE BOULLENOIS, secrétaire de la Société séricicole. 2e édition, 1 vol. in-8 avec planches. [illegible] fr. 50 c.

Guide de l'apiculteur, par M. DEBEAUVOYS, docteur-médecin. 3e édit. 1 joli volume in-12, avec gravures dans le texte. 2 fr.

Agriculture élémentaire, théorique et pratique, livre de lecture à l'usage des écoles primaires rurales, par A. LAGRUE. [illegible] édition. 1 vol. in-12 avec figures. 1 fr. 25 c.

Du cheval en France, par Charles DE BEIGNE. 1 vol. in-8. 1843. 3 fr. 50 c.

Culture de la vigne et fabrication du vin dans le département de la Moselle, par J. DUFOUR. 1 vol. in-18. 1 fr. 25 c.

État du bétail en France, statistique comparative des animaux domestiques en France, d'après le recensement de 1812, 1829 et 1839, par Maurice BLOCK. In-8. 1 fr. 25 c.

Paris. — Imp. de Mme Ve BOUCHARD-HUZARD, rue de l'Éperon, 5.

www.ingramcontent.com/pod-product-compliance
Ingram Content Group UK Ltd.
Pitfield, Milton Keynes, MK11 3LW, UK
UKHW022125190726
13855UKWH00003B/1033

9 782013 024273